固体物理と半導体物性の基礎

牧本 俊樹【著】

コロナ社

はじめに

　われわれの身の周りにある装置や部品には，半導体や金属などの固体材料で作られた数多くのデバイスが使われている．これらの固体材料はわれわれの生活を快適なものにしてくれており，現在のエレクトロニクス産業を支えているといっても過言ではない．もし，半導体や金属材料がこの世からなくなれば，われわれの生活は成り立たない．

　このような半導体や金属材料といった固体材料の性質を理解するためには，固体物理と半導体物性に関する基本的な知識を習得することが重要である．そこで，専門課程へ進む前の大学2年生，あるいは，専門課程に進んだばかりの大学3年生の読者の皆さんを対象に，固体物理と半導体物性に関する基本的な知識を習得できることを目標として，本書を執筆することにした．本書の内容は大学における1年間の講義に対応することを想定しているので，発光ダイオードやトランジスタの動作を理解できるための必要最小限の内容に留めることにした．このようなことから，高等専門学校における高学年での固体物理と半導体物性に関する1年間の講義，あるいは，社会に出てから半導体関連の業務に携わる方々に対してもよい入門書になると思う．特に，半導体物性を主に学びたい方は第8章の「半導体材料とバンド構造」から学習を始めて，固体物理に不明な点があれば，適宜，前の章を振り返るという学習方法もある．そして，本書を活用して固体物理や半導体物性を学習した後に，さらに深く学びたい方は，C. キッテルの『キッテル固体物理学入門』やS. M. ジィーの『半導体デバイス―基礎理論とプロセス技術―』などの教科書を使って学んでいただきたい．

　筆者は，大学および大学院において，本書で紹介する固体物理と半導体物性を学んだ．また，大学院卒業後は，30年間以上にわたって，企業や大学にお

いて発光ダイオードやトランジスタなどの半導体に関する最先端の基礎研究を行ってきた。そして，このような研究を行った過程で，大学の専門課程における必要な知識，あるいは専門課程に進む前に学んでおくべきことを知ることもできた。この経験を活かすとともに，入門者にとってなるべくわかりやすい説明にも気を配り，本書を執筆した次第である。

本書では，各章の内容を振り返って確認するために，それぞれの章末に演習問題を用意してある。ほとんどの演習問題は本文に書いてあることの確認事項なので，本書にはあえて解答を掲載していない。演習問題の解答に対するヒントはウェブサイト†に掲載したので，必要に応じてダウンロードして，解答の際の参考にしてほしい。

読者の皆さんが本書を活用することにより，固体物理と半導体物性に関する基礎知識を身につけて，その後の皆さんのさらなる発展につながれば幸いである。

2017 年 1 月

牧本　俊樹

† https://www.coronasha.co.jp/np/isbn/9784339008968

目　　次

第1章　結　晶　構　造

1.1　固　体　の　特　性 ··· 1
1.2　結　晶　の　種　類 ··· 2
　1.2.1　原子間の斥力と引力 ··· 2
　1.2.2　共　有　結　合 ·· 3
　1.2.3　イ　オ　ン　結　合 ··· 4
　1.2.4　金　属　結　合 ·· 4
　1.2.5　水　素　結　合 ·· 5
　1.2.6　ファン・デル・ワールス結合 ·· 5
　1.2.7　結合エネルギーの大きさの比較 ····································· 6
1.3　結　晶　の　構　造 ··· 6
　1.3.1　結晶に関する専門用語 ·· 6
　1.3.2　ブ　ラ　ベ　格　子 ··· 6
　1.3.3　ミ　ラ　ー　指　数 ··· 8
　1.3.4　単純立方格子における代表的なミラー指数の例 ············· 8
　1.3.5　一般の結晶格子におけるミラー指数 ····························· 9
1.4　2次元結晶格子 ·· 10
　1.4.1　2次元格子点の表現方法 ·· 10
　1.4.2　2次元の基本単位格子 ··· 10
1.5　ウィグナー–サイツ・セル ··· 12
1.6　3次元結晶格子 ·· 13
　1.6.1　3次元格子点の表現方法 ·· 13
　1.6.2　単純立方格子における基本単位格子 ····························· 13

1.6.3 体心立方格子における基本単位格子 …………………………… 14
1.6.4 面心立方格子における基本単位格子 …………………………… 15
演 習 問 題 …………………………………………………………………… 16

第2章 回折条件と逆格子

2.1 ブラッグの法則 ………………………………………………………… 17
2.2 フーリエ級数 …………………………………………………………… 18
   2.2.1 1次元結晶中の電子濃度 ……………………………………… 18
   2.2.2 3次元結晶への拡張 …………………………………………… 19
   2.2.3 3次元結晶における周期性の条件 …………………………… 19
2.3 逆 格 子 ………………………………………………………………… 20
   2.3.1 逆格子の基本並進ベクトル …………………………………… 20
   2.3.2 逆格子ベクトル ………………………………………………… 21
   2.3.3 実格子と逆格子の並進ベクトルの関係 ……………………… 21
2.4 ラウエ方程式と回折条件のベクトル表現 …………………………… 22
   2.4.1 結晶面による波の散乱 ………………………………………… 22
   2.4.2 ラウエ方程式 …………………………………………………… 23
   2.4.3 回折条件のベクトル表現 ……………………………………… 24
2.5 逆格子ベクトルの性質 ………………………………………………… 25
   2.5.1 2次元結晶格子の逆格子ベクトル …………………………… 25
   2.5.2 ブラッグの法則との関係 ……………………………………… 26
演 習 問 題 …………………………………………………………………… 28

第3章 ブリルアンゾーン

3.1 ブリルアンゾーン ……………………………………………………… 29
   3.1.1 波の回折条件 …………………………………………………… 29
   3.1.2 ベクトル k を変数とした逆格子空間 ………………………… 30

3.2　1次元結晶格子の逆格子とブリルアンゾーン……………………………… 30
3.3　2次元正方形格子の逆格子とブリルアンゾーン …………………………… 32
　　3.3.1　2次元正方形格子に対する逆格子の基本並進ベクトル ……………… 32
　　3.3.2　2次元正方形格子の逆格子におけるブリルアンゾーン ……………… 32
3.4　単純立方格子の逆格子とブリルアンゾーン ………………………………… 33
　　3.4.1　単純立方格子に対する逆格子の基本並進ベクトル ………………… 34
　　3.4.2　単純立方格子の逆格子におけるブリルアンゾーン ………………… 34
3.5　体心立方格子の逆格子とブリルアンゾーン ………………………………… 35
　　3.5.1　体心立方格子に対する逆格子の基本並進ベクトル ………………… 35
　　3.5.2　体心立方格子の逆格子におけるブリルアンゾーン ………………… 36
3.6　面心立方格子の逆格子とブリルアンゾーン ………………………………… 36
　　3.6.1　面心立方格子に対する逆格子の基本並進ベクトル ………………… 37
　　3.6.2　面心立方格子の逆格子におけるブリルアンゾーン ………………… 38
演 習 問 題 ………………………………………………………………………………… 39

第4章　フ ォ ノ ン

4.1　フォノンに関連する予備知識 ………………………………………………… 40
　　4.1.1　結晶内で相互作用する主な粒子 ……………………………………… 40
　　4.1.2　波 の 種 類 ……………………………………………………………… 41
4.2　同種原子からなる1次元格子中を伝わる波 ………………………………… 41
　　4.2.1　運 動 方 程 式 …………………………………………………………… 42
　　4.2.2　運動方程式の解 ………………………………………………………… 43
　　4.2.3　長波長領域における波の性質 ………………………………………… 44
4.3　二つの異種原子からなる1次元格子中を伝わる波 ………………………… 45
　　4.3.1　運 動 方 程 式 …………………………………………………………… 45
　　4.3.2　運動方程式の解 ………………………………………………………… 46
　　4.3.3　ブリルアンゾーンの原点における ω ……………………………………… 47
　　4.3.4　第1ブリルアンゾーン端における ω ……………………………………… 47
　　4.3.5　長波長領域における ω–k 分散関係 ……………………………………… 47

4.4 音響フォノンと光学フォノン·· 49
   4.4.1 ブリルアンゾーンの原点におけるフォノンの振動·············· 49
   4.4.2 フォノンの種類·· 50
4.5 フォノン比熱·· 51
   4.5.1 比熱のアインシュタインモデル··· 52
   4.5.2 高温での比熱··· 52
   4.5.3 デバイの T^3 法則··· 52
演習問題·· 53

第5章　金属の自由電子モデル

5.1 シュレディンガーの波動方程式·· 55
5.2 1次元井戸型ポテンシャル中の電子·· 56
   5.2.1 波動関数の境界条件·· 57
   5.2.2 波動方程式と解··· 57
   5.2.3 得られた計算結果の物理的意味·· 59
   5.2.4 フェルミエネルギー·· 59
5.3 立方体に閉じ込められた電子··· 60
   5.3.1 3次元シュレディンガーの波動方程式と解·· 60
   5.3.2 フェルミエネルギー·· 61
   5.3.3 状態密度·· 63
5.4 フェルミ-ディラックの分布関数··· 64
演習問題·· 66

第6章　バンド理論

6.1 エネルギーバンド図·· 67
   6.1.1 バンドギャップとエネルギーバンド·· 67
   6.1.2 金属，半導体，絶縁体のエネルギーバンド図··· 68
   6.1.3 絶縁体における電気伝導··· 69

- 6.1.4 真性半導体における電気伝導 ································ 69
- 6.1.5 金属における電気伝導 ·· 70
- 6.2 ブロッホの定理 ··· 71
  - 6.2.1 リング状の1次元結晶 ·· 71
  - 6.2.2 3次元結晶でのブロッホの定理 ······························· 72
- 6.3 クローニッヒ-ペニーのモデル ······································ 73
  - 6.3.1 周期的ポテンシャルとシュレディンガーの波動方程式の解 ······ 73
  - 6.3.2 周期的ポテンシャルの近似 ···································· 75
- 6.4 バンドギャップの形成 ··· 76
  - 6.4.1 電子のエネルギー ·· 76
  - 6.4.2 $E\text{-}k$ 分散関係 ·· 77
  - 6.4.3 還元ゾーン形式 ·· 78
- 6.5 半導体中での光吸収 ·· 79
  - 6.5.1 半導体における光吸収過程 ···································· 79
  - 6.5.2 直接遷移型半導体における光吸収 ····························· 80
  - 6.5.3 間接遷移型半導体における光吸収 ····························· 81
- 演 習 問 題 ·· 82

第7章 固体内の電気伝導

- 7.1 有 効 質 量 ·· 83
- 7.2 オームの法則 ··· 84
- 7.3 ドルーデの理論 ··· 86
- 7.4 磁場内のキャリアの運動 ·· 87
- 演 習 問 題 ·· 89

第8章 半導体材料とバンド構造

- 8.1 半 導 体 材 料 ·· 90

8.1.1　半導体の特長……………………………………………………… 90
　　8.1.2　半導体の種類……………………………………………………… 91
　　8.1.3　半導体混晶………………………………………………………… 91
　　8.1.4　ベガード則………………………………………………………… 92
　8.2　半導体デバイスへの応用…………………………………………………… 92
　　8.2.1　半導体物性と半導体デバイスの関連……………………………… 93
　　8.2.2　発光デバイスに使われる半導体材料……………………………… 94
　　8.2.3　受光デバイスに使われる半導体材料……………………………… 94
　　8.2.4　トランジスタに使われる半導体材料……………………………… 95
　8.3　E-k 分散関係における電子の遷移…………………………………………… 95
　　8.3.1　フォトンによる電子の遷移………………………………………… 96
　　8.3.2　フォノンによる電子の遷移………………………………………… 97
　　8.3.3　直接遷移型半導体と間接遷移型半導体における電子遷移過程の違い…… 97
　8.4　実際の半導体における E-k 分散関係……………………………………… 99
　　8.4.1　3次元結晶におけるブリルアンゾーン端の名称…………………… 99
　　8.4.2　実際の直接遷移型半導体における E-k 分散関係とフェルミ面…… 99
　　8.4.3　実際の間接遷移型半導体における E-k 分散関係とフェルミ面…… 100
　演　習　問　題………………………………………………………………………… 102

第9章　半導体中のキャリア濃度

　9.1　ボルツマン分布での近似…………………………………………………… 103
　9.2　真性半導体の伝導帯における電子濃度…………………………………… 104
　　9.2.1　伝導帯における電子のエネルギーと状態密度…………………… 104
　　9.2.2　伝導帯における電子濃度…………………………………………… 105
　9.3　真性半導体の価電子帯における正孔濃度………………………………… 106
　　9.3.1　価電子帯における正孔のエネルギーと状態密度………………… 107
　　9.3.2　価電子帯における正孔濃度………………………………………… 108
　9.4　真性半導体の性質…………………………………………………………… 109
　　9.4.1　np 積………………………………………………………………… 109

 9.4.2 真性半導体中のキャリア濃度 …………………………………… 110
 9.4.3 真性半導体のフェルミ準位 …………………………………… 110
 9.4.4 真性半導体のフェルミ準位と n および p の関係 …………… 111
9.5 半導体への不純物ドーピング ………………………………………… 112
 9.5.1 Ⅳ族半導体へのⅤ族元素のドーピング ……………………… 112
 9.5.2 Ⅳ族半導体へのⅢ族元素のドーピング ……………………… 113
9.6 ドーピングした不純物の活性化エネルギー ………………………… 114
 9.6.1 ボーアの水素原子モデル ……………………………………… 114
 9.6.2 不純物の活性化エネルギー …………………………………… 115
9.7 不純物をドーピングした半導体のフェルミ準位 …………………… 116
 9.7.1 n 型半導体中のフェルミ準位 ………………………………… 116
 9.7.2 p 型半導体中のフェルミ準位 ………………………………… 118
9.8 n 型半導体における電子濃度の温度依存性 ………………………… 120
 9.8.1 低温領域 ………………………………………………………… 120
 9.8.2 中程度の温度領域 ……………………………………………… 121
 9.8.3 高温領域 ………………………………………………………… 121
演習問題 ……………………………………………………………………… 122

第 10 章 半導体中の少数キャリア

10.1 移動度を決定する要因 ………………………………………………… 123
 10.1.1 移動度を決定する主な散乱要因 ……………………………… 123
 10.1.2 マティーセンの法則 …………………………………………… 124
 10.1.3 実際の半導体中の移動度の温度特性 ………………………… 125
10.2 ドリフト電流 …………………………………………………………… 126
10.3 拡散電流 ………………………………………………………………… 126
 10.3.1 フィックの法則 ………………………………………………… 127
 10.3.2 正孔による拡散電流密度 ……………………………………… 127
 10.3.3 電子による拡散電流密度 ……………………………………… 128
10.4 アインシュタインの関係式 …………………………………………… 128

10.5 過剰少数キャリア……………………………………………………… 131
10.6 少数キャリアの連続の式……………………………………………… 132
 10.6.1 過剰少数キャリア濃度の時間変化を決める要因 ……………… 132
 10.6.2 n型半導体中の微小領域における少数キャリアによる電流…… 132
 10.6.3 p型半導体中の微小領域における少数キャリアによる電流…… 134
 10.6.4 n型半導体中の少数キャリアの生成と消滅…………………… 135
 10.6.5 p型半導体中の少数キャリアの生成と消滅…………………… 136
 10.6.6 1次元における少数キャリアの連続の式……………………… 136
 10.6.7 3次元における少数キャリアの連続の式……………………… 136
10.7 少数キャリアの連続の式の応用例…………………………………… 137
演習問題………………………………………………………………………… 141

第11章 pn接合とショットキー接合

11.1 pn接合ダイオードの概要 …………………………………………… 142
11.2 pn接合の形成…………………………………………………………… 144
11.3 階段型pn接合における電子のポテンシャルエネルギー………… 147
 11.3.1 階段型pn接合………………………………………………… 147
 11.3.2 ポアソン方程式と電荷密度…………………………………… 149
 11.3.3 静電ポテンシャルの計算……………………………………… 150
11.4 電圧印加時の空乏層幅と接合容量…………………………………… 152
 11.4.1 電圧印加時の空乏層幅………………………………………… 152
 11.4.2 接合容量………………………………………………………… 152
 11.4.3 C-V特性を用いたpn接合ダイオードのパラメータ測定……… 153
11.5 pn接合における順方向バイアス時の拡散電流……………………… 153
 11.5.1 順方向バイアス時における空乏層端での少数キャリア濃度… 154
 11.5.2 順方向バイアス時の拡散電流………………………………… 155
11.6 実際のpn接合ダイオードの特性…………………………………… 159
11.7 ショットキー接合……………………………………………………… 160
 11.7.1 順方向バイアス時の電流……………………………………… 160

11.7.2　ショットキー接合の形成 ………………………………………… 161
11.7.3　空乏層中の静電ポテンシャルの計算 ………………………… 163
11.7.4　ショットキーダイオードの接合容量 ………………………… 165
11.7.5　ショットキーダイオードの I-V 特性 …………………………… 166
演 習 問 題 ……………………………………………………………………… 167

第12章　トランジスタ

12.1　バイポーラトランジスタの構造と動作原理 ……………………… 169
　12.1.1　バイポーラトランジスタの構造 ………………………………… 169
　12.1.2　npn型バイポーラトランジスタのエミッタ接地回路 ………… 170
　12.1.3　バイポーラトランジスタにおける増幅作用 …………………… 171
12.2　バイポーラトランジスタの設計指針 ……………………………… 172
　12.2.1　電流成分を決める三つのパラメータ …………………………… 172
　12.2.2　npn型バイポーラトランジスタでの電子の流れと設計指針 … 173
12.3　エミッタ接地回路の I-V 特性 ……………………………………… 175
12.4　電界効果トランジスタの構造と動作原理 ………………………… 176
　12.4.1　電界効果トランジスタの構造 …………………………………… 176
　12.4.2　nチャネルMOSFET（n型MOSFET）の動作原理 …………… 177
　12.4.3　ゲート電極下の全電荷密度とゲート電圧の関係 …………… 179
　12.4.4　n型MOSFETの基本特性 ……………………………………… 181
12.5　電界効果トランジスタの I-V 特性 ………………………………… 183
　12.5.1　MOSFETの I-V 特性 …………………………………………… 183
　12.5.2　相互コンダクタンス ……………………………………………… 184
演 習 問 題 ……………………………………………………………………… 184

第13章　ヘテロ接合と半導体光デバイス

13.1　ヘテロ接合と低次元構造 …………………………………………… 186
　13.1.1　ホモ接合とヘテロ接合 …………………………………………… 186

13.1.2 低次元構造 ………………………………………………… 187
13.2 半導体中での電子とフォトンの相互作用 …………………… 189
13.3 半導体中での光の吸収 ………………………………………… 192
13.4 光吸収過程に関連する現象 …………………………………… 193
演 習 問 題 ……………………………………………………………… 195

付　　　　録

A.1 ベクトルの内積と外積 ………………………………………… 196
A.2 波に関連する関係式 …………………………………………… 197
A.3 光に関連する関係式と情報 …………………………………… 198
A.4 フックの法則 …………………………………………………… 198
A.5 $x \sim 0$ の場合のテイラー展開 ………………………………… 199
A.6 $f(x+dx)$ と $f(x)$ の関係 ……………………………………… 199
A.7 三角関数に関連する公式 ……………………………………… 200
A.8 本書に関連する情報 …………………………………………… 200

引用・参考文献 ………………………………………………………… 203
索　　　　引 …………………………………………………………… 204

第1章 結 晶 構 造

　本章では，固体物理を理解するうえで必要な結晶に関連する基礎知識を紹介する。

1.1 固体の特性

　われわれの身の周りには，たくさんの固体があり，これらの固体はいくつかの特性によって分類することができる。例えば，電気特性で固体を分類する際には，抵抗の高い順に，電流を通しにくい絶縁体，抵抗を変化させることのできる半導体，金属に代表されるような電流をよく通す導体，抵抗が0となる超伝導体などに分類することができる。また，固体の磁気特性に注目して分類した場合には，Fe, Co, Ni に代表される磁石となるような強磁性体，磁石に反発する反磁性体，磁石に反発しないが磁石にはならない常磁性体や反強磁性体などに分類することができる。本書では，発光ダイオードやトランジスタの動作を理解するために，主として「電気特性」に注目して，光学特性を含めた固体物性を紹介する。

　一方で，固体の示す特性ではなく，構造によって固体を分類することもできる。まずは，ガラスやアモルファスSiなどに代表され，原子が無秩序に配列した**アモルファス**があげられる。これに対して，原子が周期的に配列した結晶がある。この結晶は，単結晶と多結晶に分けることができる。**単結晶**は，ダイアモンドや単結晶Siに見られるように，規則的な構造が長い距離にわたって続く結晶である。これに対して，**多結晶**は小さな結晶の集まりであり，金属やセラミックス，ポリSiなどの例がある。ミクロな視点で観察すると，この多結晶も単結晶と同じように規則的な構造を持っている。本書では，アモルファ

スではなく,「結晶」に注目して,固体物性を解説する.

1.2 結晶の種類

1.2.1 原子間の斥力と引力

まずは,結晶内に存在する二つの原子の間に働く斥力(反発する力)と引力についての一般論を紹介しよう.二つの原子を接近させると,二つの原子に属する電子の軌道が重なるので,**図 1.1** に示すように,二つの電子分布が重なる.この場合,二つの電子は同じ状態を取ることができないという**パウリの排他原理**によって,系全体の**ポテンシャルエネルギー**が増加する.自然界では,ポテンシャルエネルギーが低い方向に反応が進む.このため,ポテンシャルエネルギーを下げようとして,接近させた二つの原子間には斥力が発生する.一方で,後の 1.2.2〜1.2.6 項で述べるように,二つの原子の間には,結晶構造に依存したさまざまな種類の引力が働いている.

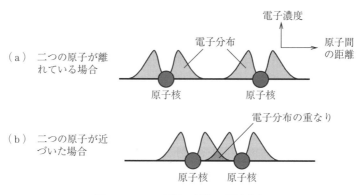

図 1.1 二つの原子の周りの電子分布

以上のような斥力と引力の合計は,**図 1.2** の太い実線で示すように,原子間距離の関数となる.そして,これらの合計には極小値が存在する.この極小値の絶対値は結合エネルギーを示しており,極小値のへこみが深ければ深いほど結合が強いことに対応している.また,この極小値を与える原子間距離が結晶

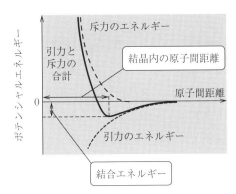

図1.2 原子間距離とポテンシャルエネルギーの関係

内の二つの原子間の距離に対応している。次に，結晶内における主な引力によって形成される原子間の結合について紹介しよう。

1.2.2 共有結合

共有結晶を形成する二つの原子は，互いの電子を共有して**共有結合**を形成している（**図1.3**）。この共有結合を形成する電子は，二つの原子の間に存在しており，二つの電子のスピンの向きは互いに逆向きになっている。このため，二つの電子の軌道が重なっても，ポテンシャルエネルギーが高くなりにくい。したがって，二つの原子が近すぎなければ引力となり，本書で紹介した結晶の中で，最も大きな結合エネルギーを持つ。例えば，共有結合を有するダイアモンドの昇華点は3642℃であり，Siの融点は1410℃である。このように，非常に安定な結晶構造を形成する。

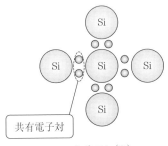

図1.3 共有結合

1.2.3 イオン結合

イオン結晶内には正と負のイオンが存在しており（**図1.4**），正のイオンと負のイオンの間には引力が働いて**イオン結合**を形成している。一方で，イオン結晶内の正のイオンどうし，あるいは，負のイオンどうしには，斥力が働いている。ただし，これら全体の静電相互作用は，全体として引力となり，**マーデルングエネルギー**と呼ばれるエネルギーで結合している。例えば，イオン結合を有する塩化ナトリウム（NaCl）の融点は800℃である。このように，融点が高いので，イオン結晶の結合エネルギーが比較的大きいことがわかる。

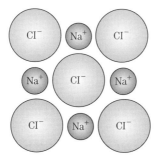

塩化ナトリウム（NaCl）

図1.4 イオン結合

1.2.4 金属結合

金属結晶内には，結晶内で自由に動き回る**伝導電子**が存在するため，電気伝導率が高い。この伝導電子と正の金属イオンの間に引力が働いて**金属結合**を形成している。つまり，**図1.5**に示すように，伝導電子の海の中に金属イオンが

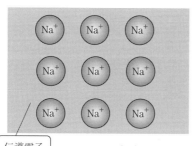

伝導電子　ナトリウム（Na）

図1.5 金属結合

規則正しく並んでいるイメージである。ここで，遷移金属では，d殻などの内殻電子による付加的な結合があるために，結合エネルギーが増加する。例えば，典型元素である金属Naの融点は98℃であるのに対して，遷移金属であるCuの融点は1085℃まで上昇する。

1.2.5 水素結合

電気陰性度が大きな原子（N, O, Fなど）に，共有結合で結び付いた水素原子は正に弱く帯電する（**図1.6**）。これに対して，同じ分子内の電気陰性度が大きな原子は負に弱く帯電する。この結果，正に帯電した水素原子と負に帯電した隣の分子に含まれる原子との間にクーロン引力が働く。例えば，水（H_2O）分子においては，水素原子が正に帯電し，酸素原子が負に帯電する。この負に帯電した酸素原子が，隣のH_2O分子に含まれる正に帯電した水素原子と結合する。このようなクーロン引力による結合を**水素結合**と呼ぶ。生体内のデオキシリボ核酸（DNA）内にも，このような水素結合が存在することが知られている。

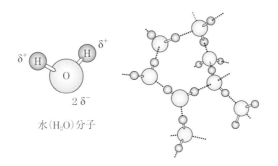

図1.6 水素結合

1.2.6 ファン・デル・ワールス結合

希ガスの電子配置は安定な閉殻構造を作るので，二つの希ガス原子の間には引力が働きにくい。このため，これらの希ガスでは，距離の6乗に反比例する引力である**ファン・デル・ワールス結合**で，結晶を構成している（**図1.7**）。

6 　1. 結晶構造

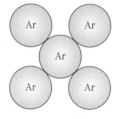

図 1.7　ファン・デル・ワールス結合

アルゴン（Ar）

例えば，ファン・デル・ワールス結合で形成される Ar 結晶の融点は 84 K，Ne 結晶の融点は 25 K である。このように，ファン・デル・ワールス結合は弱いため，この引力で形成された結晶の融点は非常に低くなる。

1.2.7　結合エネルギーの大きさの比較

1.2.2〜1.2.6 項に示した 5 種類の結合では，一般に，共有結合，イオン結合，金属結合，水素結合，ファン・デル・ワールス結合の順で結合の引力が弱くなる。これに伴って，それぞれの引力で形成された結晶の融点は，この順序で低くなる。

1.3　結晶の構造

1.3.1　結晶に関する専門用語

結晶格子とは，原子が規則正しく配列した構造を指す。そして，結晶格子中の原子の位置を**格子点**と呼び，結晶格子の周期的パターンに含まれる一つの単位のことを**単位格子**と呼ぶ。

われわれの身の周りにある結晶のほとんどは，3 次元の結晶である。これに対して，固体物理学では，学習者の理解を促すために 1 次元や 2 次元の仮想的な結晶格子を考えることがある。

1.3.2　ブラベ格子

ブラベ格子とは，単位格子の分類方法の一つであり，**図 1.8** に示すように，

1.3 結晶の構造

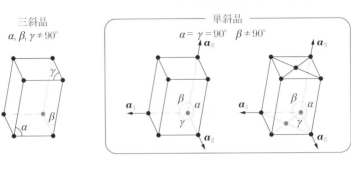

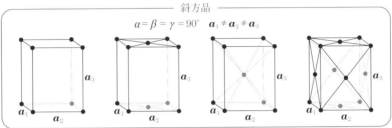

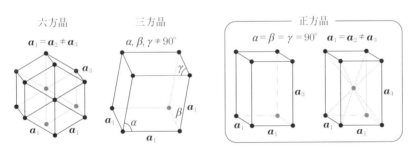

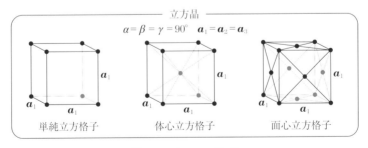

図1.8 ブラベ格子

3次元の結晶では 14 種類に分類が可能である。つまり，自然界に存在するすべての結晶は，14 種類のうちどれか一つのブラベ格子に当てはまる。一般型は三斜晶系格子であり，辺の長さや二つの辺がなす角度によって 13 種類の格子に分類される。本書では，主として立方晶系格子を取り扱うことにする。また，結晶の性質を理解するうえで，仮想的な 1 次元結晶や 2 次元結晶を取り扱うことがある。1.4.2 項で示すように，2 次元結晶のブラベ格子は，5 種類に分類される。なお，このブラベ格子は，1.4 節で紹介する基本単位格子とは異なることに注意してほしい。

1.3.3 ミラー指数

ミラー指数とは，3 次元の結晶格子において，三つの軸で結晶面を表現する方法である。

まずは，単純立方格子と (x, y, z) 座標を使って，ミラー指数を説明しよう。直交座標系における平面の方程式は，以下のように表すことができる。

$$\alpha x + \beta y + \gamma z = 1 \quad (ただし，原点を含む平面は除く)$$

この方程式における法線ベクトル（平面に垂直なベクトル）は (α, β, γ) である。そして，この法線ベクトル (α, β, γ) を最小の整数で表現したのが，単純立方格子におけるミラー指数 $(h\ k\ l)$ である。

一方で，直交座標系において，$(n_1, 0, 0)$，$(0, n_2, 0)$，$(0, 0, n_3)$ の 3 点を通る平面の方程式は，式 (1.1) のように表すことができる。

$$\frac{1}{n_1}x + \frac{1}{n_2}y + \frac{1}{n_3}z = 1 \tag{1.1}$$

この方程式 (1.1) の法線ベクトルは，$(1/n_1, 1/n_2, 1/n_3)$ であり，この法線ベクトルを最小の整数で表現した $(h\ k\ l)$ がミラー指数となる。

1.3.4 単純立方格子における代表的なミラー指数の例

図 1.9 に，代表的な結晶面とミラー指数の例を示す。

図 (a) の面は $(1, 0, 0)$，$(0, 1, 0)$，$(0, 0, 1)$ の 3 点を通る平面であ

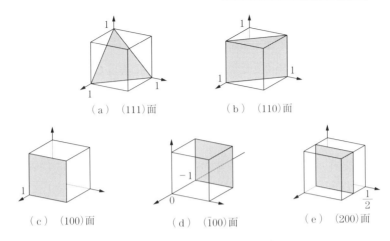

図1.9　代表的な結晶面とミラー指数の例

るので，式(1.1)を参考にして，ミラー指数は（1 1 1）となる。そして，この面を(111)面と呼ぶ。

図（b）の面は（1, 0, 0）と（0, 1, 0）を通り，z軸とは交わらない。この場合は，（1, 0, 0），（0, 1, 0），（0, 0, ∞）の3点を通る平面と考えれば，ミラー指数は（1 1 0）となる。同様に，図（c）の面は（1, 0, 0）を通り，y軸とz軸とは交わらないので，ミラー指数は（1 0 0）となる。

ここで，特殊な例を二つ示そう。図（d）の面は（−1, 0, 0）を通る平面である。この面のミラー指数を（1, 0, 0）を通る平面のミラー指数と区別するため，ミラー指数を（$\bar{1}$00）と表記する。また，図（e）の面は（1/2, 0, 0）を通る平面である。この面のミラー指数と（1, 0, 0）を通る平面のミラー指数を区別するため，ミラー指数を（200）と表記する。

なお，単純立方格子において，(100)面，(010)面，(001)面などは，同じ性質を持つ。つまり，x軸，y軸，z軸の取り方次第でミラー指数が変化する。そこで，これらの等価な面を {100} という形で表記する。

1.3.5 一般の結晶格子におけるミラー指数

今までは，説明を簡略化して，イメージしやすいように単純立方格子を念頭

に置いて説明した。しかしながら，このミラー指数は，単純立方格子だけでなく，他のブラベ格子にも適用することができる。

一般に，結晶面を表現するためには，三つの軸で表現できる。例えば，これらの三つの軸を a_1 軸，a_2 軸，a_3 軸として，これらの軸と，それぞれ，n_1，n_2，n_3 で交差する面を考える。この場合は，単純立方格子の場合と同様に，$(1/n_1\ 1/n_2\ 1/n_3)$ を最小の整数 $(h\ k\ l)$ で表現すれば，ミラー指数を求めることができる。ただし，単純立方格子とは異なり，一般の結晶格子の場合は，ベクトル $(1/n_1, 1/n_2, 1/n_3)$ は，法線ベクトルではないことに注意してほしい。

1.4 2次元結晶格子

実際の結晶は3次元結晶格子だが，まずは，2次元結晶格子を利用して結晶格子の性質について説明しよう。

1.4.1 2次元格子点の表現方法

結晶格子内の格子点は周期的に存在することから，任意の格子点は，以下のような並進ベクトル R で表現することが可能である。

$$R = u_1 a_1 + u_2 a_2 \quad (u_i は整数)$$

このように，ベクトルの整数倍の線型結合によって，任意の格子点を表現できる a_1 および a_2 を**基本並進ベクトル**と呼ぶ。また，a_1 と a_2 で囲まれる構造を**基本単位格子**と呼ぶ。この基本単位格子は周期的に配列した原子の最小単位であり，これらの基本単位格子が繰り返されて結晶を構成する。そして，1.4.2 項で例を示すように，単位格子の中で基本単位格子の面積は最小となる。なお，1.3.2 項で説明したブラベ格子は，必ずしも基本単位格子でないことに注意してほしい。

1.4.2 2次元の基本単位格子

2次元のブラベ格子には，平行四辺形格子，正方形格子，六方格子，長方形

1.4 2次元結晶格子

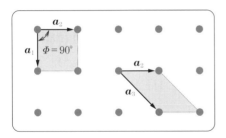

図 1.10 正方形格子の基本並進ベクトルの例

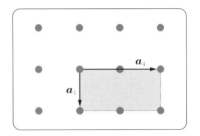

図 1.11 正方形格子の基本並進ベクトルとならない例

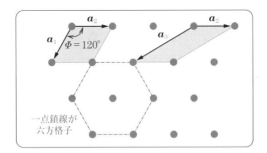

図 1.12 六方格子の基本並進ベクトルの例

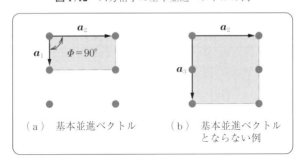

図 1.13 長方形格子におけるベクトルの例

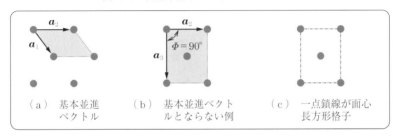

図 1.14 面心長方形格子におけるベクトルの例

格子，面心長方形格子がある．ここでは，正方形格子，六方格子，長方形格子，面心長方形格子における基本単位格子の例を図 1.10～図 1.14 に示す．これらの格子の中には，基本単位格子とはならない例も示しているので，参考にしてほしい．なお，六方格子と面心長方形格子に対しては，ブラベ格子を一点鎖線で示した．

1.5 ウィグナー–サイツ・セル

1.4 節でも紹介したように，基本単位格子はいくつかあり，その決め方には曖昧さが残る．そこで，基本単位格子を一義的に決める方法として，基本単位格子の一つである**ウィグナー–サイツ・セル**を求める方法を紹介しよう．

2 次元のウィグナー–サイツ・セルは，以下 ①～③ のようにして求めることができる．

①　原点となる格子点とすべての格子点とを結ぶ線分を引く．

②　この線分の垂直二等分線を引く．

③　これらの垂直二等分線で囲まれた最小の部分が，ウィグナー–サイツ・セルとなる．

平行四辺形格子に対して，上記の方法を使ってウィグナー–サイツ・セルを求めた例を**図 1.15** に示す．中央の白抜きの格子点が原点であり，その付近の灰色で塗りつぶした領域がウィグナー–サイツ・セルとなる．なお，3 次元のウィグナー–サイツ・セルは，上記①～③ の垂直二等分線のかわりに，垂直二等分面を用いて求めることができる．

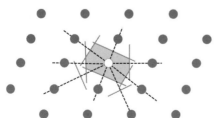

図 1.15　ウィグナー–サイツ・セルの求め方の例

1.6 3次元結晶格子

1.6.1 3次元格子点の表現方法

2次元の場合と同様に，3次元の格子点の位置を表現する並進ベクトル R は，三つの基本並進ベクトル a_1, a_2, a_3 の整数倍の線型結合を使って

$$R = u_1 a_1 + u_2 a_2 + u_3 a_3 \quad (u_i \text{は整数}) \tag{1.2}$$

で与えられる。

1.6.2 単純立方格子における基本単位格子

$\hat{x}$, $\hat{y}$, $\hat{z}$ を直交座標系の単位ベクトルとし，立方体の一辺の長さを a とすると，**単純立方格子**の基本並進ベクトル a_1, a_2, a_3 は式 (1.3) のように表現することができる。

$$\left.\begin{array}{l} a_1 = a\hat{x} \\ a_2 = a\hat{y} \\ a_3 = a\hat{z} \end{array}\right\} \tag{1.3}$$

図 1.16 に示すこれらの基本並進ベクトルを使えば，任意の格子点を表現することができる。このように，単純立方格子の場合は，ブラベ格子であり，同時に，基本単位格子でもある。

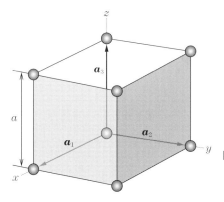

図 1.16　単純立方格子における基本並進ベクトル

1.6.3 体心立方格子における基本単位格子

図 1.17 に示すように，体心立方格子では，$a\hat{x}$, $a\hat{y}$, $a\hat{z}$ を整数倍した線型結合を用いても，体心にある格子点を表現することはできない。したがって，これらの $a\hat{x}$, $a\hat{y}$, $a\hat{z}$ は，体心立方格子の基本並進ベクトルではないことがわかる。

そこで，**体心立方格子**の基本並進ベクトルとして，図 1.18 に示すように，立方体の格子点と体心の格子点を結んだ，式 (1.4) のような三つのベクトルが考えられる。

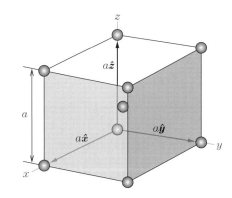

図 1.17 体心立方格子

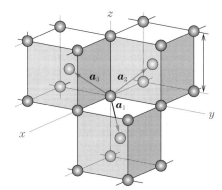

図 1.18 体心立方格子における基本並進ベクトル

$$\left.\begin{aligned} \boldsymbol{a}_1 &= \frac{a}{2}\left(\hat{\boldsymbol{x}}+\hat{\boldsymbol{y}}-\hat{\boldsymbol{z}}\right) \\ \boldsymbol{a}_2 &= \frac{a}{2}\left(-\hat{\boldsymbol{x}}+\hat{\boldsymbol{y}}+\hat{\boldsymbol{z}}\right) \\ \boldsymbol{a}_3 &= \frac{a}{2}\left(\hat{\boldsymbol{x}}-\hat{\boldsymbol{y}}+\hat{\boldsymbol{z}}\right) \end{aligned}\right\} \tag{1.4}$$

以上の基本並進ベクトルを使えば，体心の格子点や立方体の各頂点を表現することができる．基本単位格子は，これらの基本並進ベクトル $\boldsymbol{a}_1$，$\boldsymbol{a}_2$，$\boldsymbol{a}_3$ で囲まれた平行六面体となる．したがって，体心立方格子はブラベ格子の一つであるが，基本単位格子でないことがわかる．なお，各基本並進ベクトルの大きさは，$|\boldsymbol{a}_i| = (\sqrt{3}/2)a$ ($i=1, 2, 3$) である．また，二つの基本並進ベクトルがなす角度は，$\boldsymbol{a}_1 \cdot \boldsymbol{a}_2 = |\boldsymbol{a}_1| \cdot |\boldsymbol{a}_2| \cdot \cos\theta$ を用いて，$\theta = 109°$ となる．

1.6.4 面心立方格子における基本単位格子

体心立方格子と同様に，面心立方格子においても，$a\hat{\boldsymbol{x}}$，$a\hat{\boldsymbol{y}}$，$a\hat{\boldsymbol{z}}$ を整数倍した線型結合を用いても，面心の格子点を表現することはできない．したがって，これらの $a\hat{\boldsymbol{x}}$，$a\hat{\boldsymbol{y}}$，$a\hat{\boldsymbol{z}}$ は，面心立方格子の基本並進ベクトルではないことがわかる．

そこで，**面心立方格子**の基本並進ベクトルとして，**図 1.19** に示すように，立方体の格子点と面心の格子点を結んだ，式 (1.5) のような三つのベクトルが考えられる．

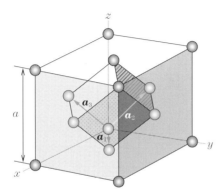

図 1.19 面心立方格子における基本並進ベクトル

$$\left.\begin{aligned} \boldsymbol{a}_1 &= \frac{a}{2}(\hat{\boldsymbol{x}} + \hat{\boldsymbol{y}}) \\ \boldsymbol{a}_2 &= \frac{a}{2}(\hat{\boldsymbol{y}} + \hat{\boldsymbol{z}}) \\ \boldsymbol{a}_3 &= \frac{a}{2}(\hat{\boldsymbol{x}} + \hat{\boldsymbol{z}}) \end{aligned}\right\} \tag{1.5}$$

以上の基本並進ベクトルを使えば，面心の格子点や立方体の各頂点を表現することができる．基本単位格子は，これらの基本並進ベクトル $\boldsymbol{a}_1$, $\boldsymbol{a}_2$, $\boldsymbol{a}_3$ で囲まれた平行六面体となる．したがって，面心立方格子はブラベ格子の一つであるが，基本単位格子でないことがわかる．なお，各基本並進ベクトルの大きさは，$|\boldsymbol{a}_i| = (\sqrt{2}/2)a$ $(i = 1, 2, 3)$ である．また，二つの基本並進ベクトルがなす角度は，1.6.3項と同様にして，$\theta = 60°$ となる．

演 習 問 題

1.1 2次元の正方形格子を用いて，基本並進ベクトルと基本単位格子を説明せよ．
1.2 ウィグナー-サイツ・セルを説明せよ．
1.3 直交座標系の単位ベクトルを用いて，単純立方格子における基本並進ベクトルと基本単位格子を示せ．
1.4 直交座標系の単位ベクトルを用いて，体心立方格子における基本並進ベクトルと基本単位格子を示せ．
1.5 直交座標系の単位ベクトルを用いて，面心立方格子における基本並進ベクトルと基本単位格子を示せ．

第2章 回折条件と逆格子

本章では,結晶による波の散乱を説明し,散乱波（反射波）の振幅が大きくなる回折条件について説明する。そして,結晶の評価やバンド理論を進めるうえで必要になる逆格子の考え方を紹介する。

2.1 ブラッグの法則

X線や電子線などの波長の短い電磁波を結晶に照射して,反射した波を解析することにより,結晶面の間隔を測定することができる。結晶に照射する前の波を**入射波**,この入射波が結晶に跳ね返される波を**散乱波**（あるいは**反射波**）と呼ぶ。

ここで,結晶内に存在するさまざまな結晶面で入射波が散乱される場合を考えよう。それぞれの入射波が,規則性がなく,ランダムに散乱される場合は,それぞれの散乱波は打ち消し合う。これに対して,ある規則があれば,散乱波が干渉して強め合うことがある。このように強め合う場合は,各結晶面からの散乱波の位相が揃う必要があるので,隣り合う面で反射される波の行路差が波長の整数倍となればよい。**図 2.1**を参考にして,この条件を数式で示すと式 (2.1) のようになる。

$$2d\sin\theta = n\lambda \quad (ただし, nは自然数) \tag{2.1}$$

ここで,dは結晶面の間隔,θは入射波と結晶面の角度,λは入射波の波長である。式 (2.1) で示す法則を**ブラッグの法則**と呼ぶ。$\sin\theta \leq 1$なので,入射波の条件は$\lambda \leq 2d$となる。したがって,ブラッグの法則を満たすためには,波長の短い入射波を利用する必要がある。実際に,波長の短いX線や電子線などを使うことにより,結晶面の間隔を測定することが行われている。このブ

18　　2. 回折条件と逆格子

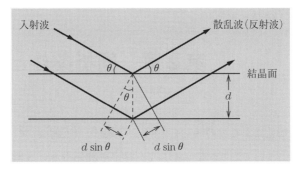

図 2.1　ブラッグの法則

ラッグの法則では，入射波と散乱波の波長の大きさは同じであることを仮定している。これは，入射した X 線や電子線のエネルギーが散乱前後で変わらないことに対応している。

2.2　フーリエ級数

電気信号の入力に対する回路の応答を調べる際には，時間〔s〕で応答を考えるよりも，周波数〔s^{-1}〕で考えたほうが便利な場合がある。例えば，交流回路理論では，角周波数 ω を使って，インダクタンスは $j\omega L$，キャパシタンスは $1/(j\omega C)$ で示すことができ，これらを使って交流回路の特性を簡単に調べることができる。ここで，結晶格子の場合も同様なことがいえる。つまり，実際の空間（実格子空間）〔cm〕を逆格子空間〔cm^{-1}〕と呼ばれる空間に変換すると，周期的な構造を持つ結晶の性質を調べる際に便利になる。そこで，本節では，このような周期的な構造を数式で表現するのにふさわしいフーリエ級数を紹介しよう。

2.2.1　1次元結晶中の電子濃度

1次元の結晶格子を想定して，この結晶格子における電子濃度の分布を考えてみよう。格子点は規則的な配列を持っているので，電子濃度も規則的になる。このような周期関数を用いる際には，フーリエ級数を用いると便利であ

る。そこで，1次元結晶の電子濃度 $n(x)$ を**フーリエ級数**で示すと式 (2.2) のようになる。

$$n(x) = \sum_p n_p \exp(i\omega p x) \quad (p \text{ は整数}) \tag{2.2}$$

式 (2.2) に含まれる n_p は実数でなく虚数でもよいが，$n_{-p}{}^* = n_p$（共役複素数）の関係があれば，$n(x)$ は実関数となる。

ここで，結晶格子の周期を a とすると

$$n(x) = n(x + a)$$

が成立する。上記の式を1次元のフーリエ級数の式 (2.2) に代入すると

$$\exp(i\omega p x) = \exp[i\omega p(x + a)]$$

の関係が必要となる。したがって

$$\omega p a = 2\pi m \quad (m \text{ は整数})$$

となり，式 (2.2) のフーリエ級数は

$$n(x) = \sum_m n_m \exp\left(i\frac{2\pi m}{a} x\right) \quad (m \text{ は整数})$$

で与えられることになる。

2.2.2　3次元結晶への拡張

2.2.1 項で説明した1次元の結晶格子での考え方と同様に，実際の3次元の結晶格子においても，フーリエ級数は式 (2.3) のように表すことができる。

$$n(\boldsymbol{r}) = \sum_G n_G \exp(i\boldsymbol{G} \cdot \boldsymbol{r}) \tag{2.3}$$

式 (2.3) における $\boldsymbol{r}$ は位置ベクトルであり，ベクトル $\boldsymbol{G}$ が 2.3.2 項に述べる逆格子ベクトルとなる。交流回路における電気信号を取り扱う場合は，1次元のフーリエ級数を用いる。これに対して，3次元結晶でのフーリエ級数は少し複雑な形となるが，基本的な考え方は電気信号の場合と同じである。

2.2.3　3次元結晶における周期性の条件

3次元結晶の格子点は規則的に配列しているので，式 (1.2) で示したように，すべての格子点 $\boldsymbol{R}$ は，基本並進ベクトル $\boldsymbol{a}_1$，$\boldsymbol{a}_2$，$\boldsymbol{a}_3$ の整数倍の線型結合

で表すことができる。

$$R = u_1\boldsymbol{a}_1 + u_2\boldsymbol{a}_2 + u_3\boldsymbol{a}_3 \quad (u_i は整数) \qquad 再掲式(1.2)$$

結晶格子と同様に，電子濃度 $n(\boldsymbol{r})$ にも周期性があるので，任意の位置ベクトル $\boldsymbol{r}$ に上記の $\boldsymbol{R}$ を加えた格子並進操作を行っても $n(\boldsymbol{r})$ の値は変化しない。このため，2.2.1 項で述べた 1 次元の結晶格子の場合と同様に，3 次元のフーリエ級数の式 (2.3) において，$n(\boldsymbol{r}+\boldsymbol{R})=n(\boldsymbol{r})$ を満足するような $\boldsymbol{G}$ を求める必要がある。この $\boldsymbol{G}$ の条件としては

$$\exp(i\boldsymbol{G}\cdot\boldsymbol{r}) = \exp[i\boldsymbol{G}\cdot(\boldsymbol{r}+\boldsymbol{R})]$$

の関係が成立しなければならない。したがって，「$\boldsymbol{G}\cdot\boldsymbol{R}=2\pi\times(整数)$」が $\boldsymbol{G}$ を求める際の条件となり，この条件を満たす $\boldsymbol{G}$ を逆格子ベクトルと呼ぶ。次に，このような条件を満たす逆格子ベクトル $\boldsymbol{G}$ を求めてみよう。

2.3 逆 格 子

実格子とは，実際の結晶格子のことであり，電子顕微鏡などで観察することができる。これに対して，**逆格子**とは結晶の性質を調べる際に使う数学的概念である。ただし，ヤングの干渉実験で見られるように，逆格子は光の干渉パターンなどの回折パターンで観測されることにも対応している。ここで，長さの次元を持つ変数のフーリエ変換では，〔cm〕の単位を持つ変数から〔cm^{-1}〕の単位を持つ変数への変換を行う。このことは，実格子空間における面〔cm^2〕の情報が，逆格子空間における点〔無次元〕の情報に変換されるイメージに似ている。なお，第 4 章や第 5 章で述べるように，逆格子空間を使うことにより，結晶の性質を容易に説明できるようになる。このようなことから，ここでは，逆格子の性質を紹介しよう。

2.3.1 逆格子の基本並進ベクトル

3 次元の結晶格子に対しては，式 (2.4) のように逆格子の基本並進ベクトルが定義できる。

$$\left.\begin{array}{l} \bm{b}_1 = \dfrac{2\pi \bm{a}_2 \times \bm{a}_3}{V} \\[4pt] \bm{b}_2 = \dfrac{2\pi \bm{a}_3 \times \bm{a}_1}{V} \\[4pt] \bm{b}_3 = \dfrac{2\pi \bm{a}_1 \times \bm{a}_2}{V} \end{array}\right\} \qquad (2.4)$$

ただし,それぞれの式の分母は,$\bm{a}_1$, $\bm{a}_2$, $\bm{a}_3$ で囲まれる平行六面体の体積 V であり,$V = \bm{a}_1 \cdot \bm{a}_2 \times \bm{a}_3$ となる。後の 2.3.3 項において,式 (2.4) に示すベクトル $\bm{b}_1$, $\bm{b}_2$, $\bm{b}_3$ が,逆格子の基本並進ベクトルの条件を満たすことを示す。なお,ベクトルの外積,および,$V = \bm{a}_1 \cdot \bm{a}_2 \times \bm{a}_3$ と表現できることについては,付録の A.1 を参照してほしい。

2.3.2 逆格子ベクトル

式 (1.2) で示した実格子空間における格子点 $\bm{R}$ と同様に,逆格子空間のすべての格子点 $\bm{G}$ は,逆格子の基本並進ベクトル $\bm{b}_1$, $\bm{b}_2$, $\bm{b}_3$ の整数倍の線型結合で表すことができる。この関係を式 (2.5) に示す。

$$\bm{G} = v_1\bm{b}_1 + v_2\bm{b}_2 + v_3\bm{b}_3 \quad (v_i は整数) \qquad (2.5)$$

2.3.3 実格子と逆格子の並進ベクトルの関係

まずは,式 (2.4) で示した $\bm{b}_i$ を使って,添え字の i が等しい実格子と逆格子の基本並進ベクトルの内積 $\bm{a}_i \cdot \bm{b}_i$ について考えよう。例えば,$\bm{a}_2 \cdot \bm{b}_2 = \bm{a}_2 \cdot (2\pi \bm{a}_3 \times \bm{a}_1 / V)$ の式において,右辺に含まれる $\bm{a}_2 \cdot \bm{a}_3 \times \bm{a}_1$ の項は,底面が $\bm{a}_3$ と $\bm{a}_1$ が作る面であり,高さ方向が $\bm{a}_2$ の平行六面体の体積 V を示している。したがって,$\bm{a}_2 \cdot \bm{b}_2 = 2\pi$ となる。同様にして

$$\bm{a}_i \cdot \bm{b}_i = 2\pi \quad (i = 1,\ 2,\ 3)$$

が得られる。

次に,添え字の i と j が等しくない実格子と逆格子の基本並進ベクトルの内積 $\bm{a}_i \cdot \bm{b}_j\,(i \neq j)$ を考えよう。例えば,$\bm{a}_3 \cdot \bm{b}_1 = \bm{a}_3 \cdot (2\pi \bm{a}_2 \times \bm{a}_3)/V$ において,$\bm{a}_2 \times \bm{a}_3$ は $\bm{a}_2$ と $\bm{a}_3$ が作る面に直交するベクトルであるので,このベクトル

と a_3 との内積は 0 となる。したがって，$a_3 \cdot b_1 = 0$ となる。同様にして
$$a_i \cdot b_j = 0 \quad (i \neq j)$$
が得られる。以上のように，逆格子の基本並進ベクトルは，実格子の二つの基本並進ベクトルと直交していることがわかる。

以上の結果をまとめると
$$a_i \cdot b_j = 2\pi \delta_{ij} \tag{2.6}$$
と表すことができる。ここで，δ_{ij} はクロネッカーのデルタと呼ばれ
$$\delta_{ij} = \begin{cases} 1 & (i = j) \\ 0 & (i \neq j) \end{cases}$$
で定義される。

さらに，実格子と逆格子の並進ベクトルの内積 $G \cdot R$ を考えよう。式 (2.5) と式 (1.2) で示したように，G および R を基本並進ベクトルで表現し，式 (2.6) の関係式を使うことにより
$$G \cdot R = (v_1 b_1 + v_2 b_2 + v_3 b_3) \cdot (u_1 a_1 + u_2 a_2 + u_3 a_3)$$
$$= 2\pi(v_1 u_1 + v_2 u_2 + v_3 u_3)$$
が得られる。ここで，$v_1 u_1 + v_2 u_2 + v_3 u_3$ は整数であるので，式 (2.5) で示したベクトル G は，2.2.3項で示した条件「$G \cdot R = 2\pi \times$（整数）」を満足していることが確認できた。

2.4 ラウエ方程式と回折条件のベクトル表現

2.4.1 結晶面による波の散乱

図 2.2 に示すように，結晶の表面上の原点 O と点 R の 2 点で波が散乱され，散乱前後で波数ベクトル k が k' に変化する場合を考えよう。そして，ブラッグの法則を求める際と同じように，散乱前後でフォトンのエネルギーが保存されると仮定して，散乱の前後で波長 λ は不変であるとしよう。また，点 R の位置ベクトルを r とし，入射波の波数ベクトル k と位置ベクトル r のなす角を θ とする。この場合，図で示したように，原点 O と点 R における入射波の

2.4 ラウエ方程式と回折条件のベクトル表現

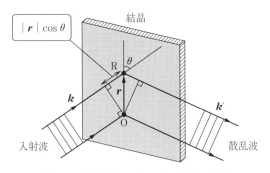

図 2.2 結晶面上の 2 点における波の散乱

行路差は，$|r|\cos\theta$ となる。したがって，2 点間における入射波の位相差は，$(|r|\cos\theta/\lambda)\times 2\pi$ となる。ここで，二つのベクトル k と r の内積を考えると，$|k| = 2\pi/\lambda$ であるから

$$k\cdot r = |k|\cdot|r|\cos\theta = (2\pi/\lambda)\cdot|r|\cos\theta$$

が得られるので，$k\cdot r$ は原点 O と点 R における入射波の位相差に相当することがわかる。つまり，点 R での入射波の位相は，原点 O よりも $k\cdot r$ だけ進むことになる。一方で，散乱波（k'）の位相に対しても同様なことがいえる。つまり，点 R で散乱された波は，原点 O での散乱波の位相に追い付くことを考慮すると，点 R での散乱波の位相は原点 O での散乱波の位相よりも $k'\cdot r$ だけ遅れていることになる。したがって，原点 O と点 R における散乱波の位相差は $-k'\cdot r$ となる。以上のことから，点 R と原点 O で散乱された波の位相差として

$$k\cdot r - k'\cdot r = (k - k')\cdot r = \Delta k\cdot r$$

が得られる。ここで，Δk は入射波と散乱波の波数ベクトルの差である。

2.4.2 ラウエ方程式

逆格子ベクトル G を使って，散乱波が干渉して強め合う回折条件は

$$\Delta k = G$$

で与えられる。ここでは，結果だけを示すが，後の 2.5.2 項において，この条件がブラッグの法則と同じ回折条件であることを示す。

上記の回折条件を用いると,基本並進ベクトル a_1 と Δk の内積は,式 (2.5) で示した G を使って

$$a_1 \cdot \Delta k = a_1 \cdot G$$
$$= a_1 \cdot (v_1 b_1 + v_2 b_2 + v_3 b_3)$$
$$= 2\pi v_1$$

となる。同様にして

$$\left. \begin{array}{l} a_2 \cdot \Delta k = 2\pi v_2 \\ a_3 \cdot \Delta k = 2\pi v_3 \end{array} \right\}$$

が得られる。これらの三つの式を一つにまとめると

$$a_i \cdot \Delta k = 2\pi v_i \quad (\text{ただし},\ v_i \text{は整数},\ i = 1,\ 2,\ 3) \tag{2.7}$$

となり,式 (2.7) は**ラウエ方程式**と呼ばれている。基本並進ベクトル a_i を持つ結晶に X 線などの電磁波を照射した際に,このラウエ方程式 (2.7) を満たす場合には,振幅の大きな散乱波が得られる。このように,入射波と散乱波のベクトルの差分と三つの基本並進ベクトルの内積が,2π の整数倍であることが回折条件となる。

2.4.3 回折条件のベクトル表現

散乱の前後でフォトンエネルギー $\hbar \omega$ は保存されることから,光速 c と波数ベクトルの大きさを k として

$$\hbar \omega = \hbar c k = \text{一定}$$

の関係が得られる。このことは,散乱前後で波数ベクトルの大きさが一定であることに対応している。したがって

$$|k| = |k'|$$

である。つまり,散乱によって,波数ベクトル k の方向は変化するが,その大きさは変わらないことを示している。ここで,$\Delta k = G$ の回折条件を変形すると

$$k - G = k'$$

となり,この両辺を 2 乗することにより

$$(\bm{k}-\bm{G})^2 = |\bm{k}'|^2 = |\bm{k}|^2$$

が得られる。そして，この式を整理して，$\bm{k}'$ を含まない形にすると

$$2\bm{k}\cdot\bm{G} = |\bm{G}|^2 \tag{2.8}$$

となる。ここで得られた式 (2.8) は，$\bm{k}$ と $\bm{G}$ だけの関係であり，**回折条件のベクトル表現**を示している。このベクトル表現が，ブラッグの法則の式と同じ回折条件であることを次の 2.5 節で示す。

2.5　逆格子ベクトルの性質

2.5.1　2次元結晶格子の逆格子ベクトル

図 2.3 に示すように，実格子における二つの基本並進ベクトル $\bm{a}_1$ と $\bm{a}_2$ が作る平面に，残りの基本並進ベクトル $\bm{a}_3$ が垂直である場合を考えよう。つまり，$\bm{a}_3 \perp \bm{a}_1$，および $\bm{a}_3 \perp \bm{a}_2$ の条件が成立するので，2次元結晶格子を考えることになる。そして，$\bm{a}_1$ と $\bm{a}_2$ のなす角度を Φ とする。また，実格子と逆格子の基本並進ベクトルの定義から，逆格子の基本並進ベクトル $\bm{b}_1$ と $\bm{a}_2$ のなす角度は $\pi/2$ である。

図（a）からわかるように，(100)面に平行な面の間隔 d_{100} は

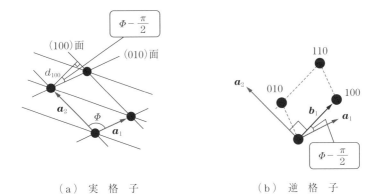

（a）実　格　子　　　　　　　（b）逆　格　子

図 2.3　逆格子の基本並進ベクトルと結晶面の関係
　　　　（$\bm{a}_3 \perp \bm{a}_1$，$\bm{a}_3 \perp \bm{a}_2$ の場合）

$$d_{100} = |\boldsymbol{a}_1| \cos\left(\varPhi - \frac{\pi}{2}\right) \tag{2.9}$$

となる。ここで，図（b）に示すように，$\boldsymbol{a}_1$ と $\boldsymbol{b}_1$ のなす角度は $(\varPhi - \pi/2)$ なので，$\boldsymbol{a}_1 \cdot \boldsymbol{b}_1$ の内積の定義から

$$\boldsymbol{a}_1 \cdot \boldsymbol{b}_1 = |\boldsymbol{a}_1||\boldsymbol{b}_1| \cos\left(\varPhi - \frac{\pi}{2}\right) \tag{2.10}$$

である。また，逆格子ベクトルの定義から $\boldsymbol{a}_1 \cdot \boldsymbol{b}_1 = 2\pi$ なので，式 (2.9)，(2.10) を用いて

$$d_{100} = |\boldsymbol{a}_1| \cos\left(\varPhi - \frac{\pi}{2}\right) = \frac{2\pi}{|\boldsymbol{b}_1|} \tag{2.11}$$

が得られる。式 (2.11) は，$\boldsymbol{b}_1$ の大きさが面間隔の逆数に比例していることを示している。そして，一般に，逆格子ベクトル $\boldsymbol{G}$ 方向の格子面の間隔 d は，$d = 2\pi/|\boldsymbol{G}|$ で与えられる。また，図から，$\boldsymbol{b}_1$ は (100) 面に垂直な法線ベクトルである。以上のことを考慮すると，逆格子ベクトル $\boldsymbol{G}$ の方向は格子面に対する法線ベクトルの方向と同じであり，その大きさ $|\boldsymbol{G}|$ は面間隔の逆数に比例していることがわかる。つまり，2.3 節の冒頭で紹介したように，逆格子における点の情報は，実格子における面の情報を持つことに対応している。

2.5.2 ブラッグの法則との関係

まずは，図 2.4 に示すように，(100) 面での入射波の散乱を考えよう。波数

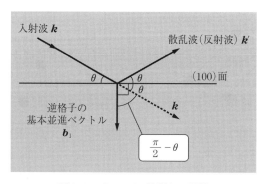

図 2.4 ブラッグの法則との関係

ベクトル k と (100) 面の角度を θ とする。逆格子ベクトル b_1 は (100) 面の法線ベクトルであることから，k と b_1 のなす角度は $(\pi/2 - \theta)$ となるので

$$k \cdot b_1 = |k||b_1|\cos\left(\frac{\pi}{2} - \theta\right) \tag{2.12}$$

が得られる。

ここで，(100) に平行な面である (200)，(300) などに G を対応させる場合には

$$G = nb_1 \quad (n\text{ は自然数}) \tag{2.13}$$

と表すことができる。したがって，式 (2.11) を使って

$$|G| = |nb_1| = n \times \frac{2\pi}{d_{100}} \tag{2.14}$$

が得られる。

次に，式 (2.8) で示した回折条件のベクトル表現

$$2\,k \cdot G = |G|^2 \qquad \text{再掲式(2.8)}$$

の右辺に式 (2.14) を代入すると，$(2\pi n/d_{100})^2$ が得られる。

また，$|k| = 2\pi/\lambda$，および式 (2.11)〜(2.13) を用いれば

式 (2.8) の左辺 $= 2\,k \cdot (nb_1)$

$$= 2 \times \frac{2\pi}{\lambda} \times n \times \frac{2\pi}{d_{100}} \times \cos\left(\frac{\pi}{2} - \theta\right)$$

となる。この式において，$\cos(\pi/2 - \theta) = \sin\theta$ であることを用いると，式 (2.8) の回折条件のベクトル表現は

$$2\,d_{100} \sin\theta = n\lambda$$

と変形できる。このように，式 (2.1) で表されるブラッグの法則と同じ式を得ることができた。ここでの説明では，2 次元の結晶格子を想定したが，3 次元結晶格子でも同様な結論が得られる。

以上のように，式 (2.1) の「ブラッグの法則」，式 (2.7) の「ラウエ方程式」，式 (2.8) の「回折条件のベクトル表現」は，数式上の表現は異なるが，ともに同じ回折条件を示していることがわかった。

演習問題

2.1 ブラッグの法則を説明せよ。

2.2 ブラッグの法則と等価な回折条件について述べよ。

2.3 3次元格子の基本並進ベクトルを使って,逆格子の基本並進ベクトルを示せ。

2.4 実格子と逆格子の基本並進ベクトルの関係を説明せよ。

2.5 「回折条件のベクトル表現」が「ブラッグの法則」と等価であることを示せ。ただし,実格子の基本並進ベクトルの1つが他の2つの基本並進ベクトルに垂直である場合を想定せよ。

第3章 ブリルアンゾーン

 本章では，結晶評価やバンド計算を進めるうえで必要となるブリルアンゾーンの考え方を説明し，まずは，仮想的な1次元結晶格子におけるブリルアンゾーンの例を紹介する．その後，2次元および3次元結晶格子におけるブリルアンゾーンの例を紹介する．

3.1 ブリルアンゾーン

3.1.1 波の回折条件

 式 (2.8) で得られた回折条件のベクトル表現は，散乱波の強度が最大となる k の条件を示している．つまり，具体的な結晶格子が与えられた場合には，G を決定することができるので，「入射波の波数ベクトル k がどのような値を取れば，強い散乱波が得られるか」を示した条件である．このように考えると，k を変数として考え，式 (2.8) は k が満たすべき回折条件を与えていることに対応している．

 式 (2.8) で与えられる回折条件のベクトル表現 $2\bm{k}\cdot\bm{G}=|\bm{G}|^2$ を変形すると

$$\bm{G}\cdot\left(\bm{k}-\frac{1}{2}\bm{G}\right)=0$$

が得られる．図 3.1 に示すように，この式は，「k は，$(1/2)\bm{G}$ の点を通り，G と垂直な平面上に存在」していることを示している．つまり，G の垂直二等分面上にある点 k は，回折条件を満たす．そして，他の点では，回折条件を満たさないので，散乱強度が弱いことを示している．このように，波長の短いX線や電子線を照射したときの結晶における散乱波の性質は，k を用いると表現しやすいことがわかる．

30　3. ブリルアンゾーン

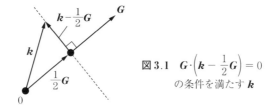

図 3.1　$G \cdot \left(k - \frac{1}{2}G\right) = 0$
の条件を満たす k

3.1.2　ベクトル k を変数とした逆格子空間

結晶格子が周期的な構造を持っているのと同様に，逆格子も周期的な構造を持つ。したがって，$k = (k_x, k_y, k_z)$ についても，(x, y, z) を変数とした実格子空間と同様な考え方ができる。そこで，実格子空間で説明したウィグナー–サイツ・セルの考え方を逆格子空間に適用すると，逆格子空間における原点付近で，G の垂直二等分面で囲まれた最小の領域が逆格子空間の基本単位格子となる。そして，この領域を第1**ブリルアンゾーン**と呼ぶ。逆格子空間は周期的構造を持っていることから，逆格子空間は，ウィグナー–サイツ・セルの繰返しで構成されている。したがって，第1ブリルアンゾーンにおける結晶の性質がわかれば，その周期性から他の部分の性質もわかることになる。

実際の結晶の性質は，位置ベクトル r よりも波数ベクトル k で表現しやすい。したがって，結晶の性質を調べる際には，実格子よりも逆格子が利用される。逆格子空間は k で表示されることから，**k 空間**と呼ぶこともある。第4章や第5章で紹介するが，結晶内のフォノンの角振動数 $\omega(k)$ や電子のエネルギー $E(k)$ などは，k の関数として表現する。

3.2　1次元結晶格子の逆格子とブリルアンゾーン

1次元の結晶格子なので，逆格子も1次元となることから，逆格子の基本並進ベクトルは b_1 だけになる。したがって，**図 3.2** に示すように，b_1 を実格子の基本並進ベクトル a_1 と同じ x 軸方向に取ることができる。そして，実格子と逆格子の基本並進ベクトルの関係 $a_1 \cdot b_1 = 2\pi$ において，a_1 と b_1 がなす角

(a) 1次元結晶格子

(b) 1次元結晶格子の逆格子

図3.2　1次元結晶格子と逆格子

は0であるので，$|\boldsymbol{b}_1| = 2\pi/|\boldsymbol{a}_1|$ が得られる。1次元結晶格子に対する逆格子の様子を図（b）に示す。

ここで，原点と隣接する格子点を結んだ線の垂直二等分線で囲まれた領域が，1次元結晶格子の逆格子における第1ブリルアンゾーンであるから，第1ブリルアンゾーンのkの範囲は，**図3.3**（a）で示すように，$-\pi/a \leq k \leq \pi/a$ である。第2ブリルアンゾーンを求めるためには，図（b）で示すように，原点と一つ先の格子点を結んだ線の垂直二等分線を描く。そして，これらの二等分線で囲まれた領域から，第1ブリルアンゾーンを除いた領域が第2ブリルアンゾーンである。したがって，第2ブリルアンゾーンのkの範囲は，$-2\pi/a \leq k \leq -\pi/a$，および，$\pi/a \leq k \leq 2\pi/a$ となる。同様にして，第3ブリルアンゾーン以降に対応するkの範囲を求めることができる。

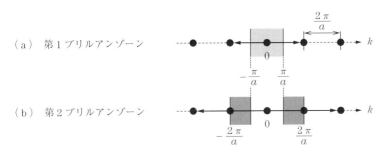

図3.3　1次元逆格子のブリルアンゾーン

ここで，各ブリルアンゾーンを内側に折り返せば，一つ前のブリルアンゾーンに重なる。そして，逆格子は周期構造を持つので，1次元結晶における各ブ

リルアンゾーンの長さは等しくなる。

3.3 2次元正方形格子の逆格子とブリルアンゾーン

3.3.1 2次元正方形格子に対する逆格子の基本並進ベクトル

2次元結晶格子なので，逆格子も2次元となることから，逆格子の基本並進ベクトルは b_1 と b_2 の二つになる。

図3.4（a）に示すように，実格子の基本並進ベクトル a_1 および a_2 を，それぞれ，x 軸方向および y 軸方向に取る。そして，実格子と逆格子の基本並進ベクトルの関係 $a_2 \cdot b_1 = 0$ から，b_1 は x 軸方向のベクトルとなる。また，$a_1 \cdot b_1 = 2\pi$ であるから，正方形の一辺の長さを a とすれば，$|b_1| = 2\pi/a$ を得ることができる。同様に，b_2 は y 軸方向のベクトルとなり，その大きさは $|b_2| = 2\pi/a$ となる。

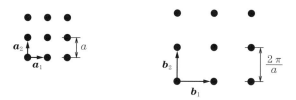

（a）正方形格子　　　（b）正方形格子の逆格子

図3.4　2次元正方形格子に対する逆格子

以上のことから，図（b）に示すように，2次元正方形格子の逆格子は正方形格子となる。ただし，実格子と逆格子の一辺の長さは異なる。また，今回の2次元正方形格子では，逆格子も同じ2次元正方形格子であったが，逆格子は必ずしも実格子と同じ格子形になるとは限らないことに注意してほしい。

3.3.2 2次元正方形格子の逆格子におけるブリルアンゾーン

まずは，1次元結晶格子の場合と同様に，原点となる格子点と，近くにある格子点と結んだ線の垂直二等分線で囲まれた領域を求めよう。最小の領域は，

ウィグナー–サイツ・セルであり，第1ブリルアンゾーンとなる。そして，次の小さな領域であり，この第1ブリルアンゾーンを除いた領域が，第2ブリルアンゾーンとなる。さらに，その次の領域は第3ブリルアンゾーンとなる。この様子を図 3.5 に示す。1次元結晶格子の場合と同様に，ブリルアンゾーンを内側に折り返せば，前のブリルアンゾーンに重なる。このように，逆格子は周期構造を持っているので，各ブリルアンゾーンの面積は等しくなる。

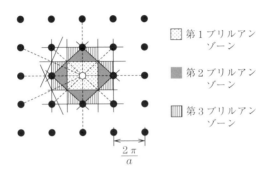

図 3.5 2次元正方形格子の逆格子における
　　　　ブリルアンゾーン

3.4　単純立方格子の逆格子とブリルアンゾーン

$\hat{x}$, $\hat{y}$, $\hat{z}$ を直交座標系の単位ベクトルとし，立方体の一辺の長さを a とすると，式 (1.3) で示したように，単純立方格子における実格子の基本並進ベクトルは以下のようになる。

$$\left. \begin{array}{l} \boldsymbol{a}_1 = a\hat{\boldsymbol{x}} \\ \boldsymbol{a}_2 = a\hat{\boldsymbol{y}} \\ \boldsymbol{a}_3 = a\hat{\boldsymbol{z}} \end{array} \right\} \qquad 再掲式(1.3)$$

次に，以上の式 (1.3) で示した実格子の基本並進ベクトルと，式 (2.4) で示した3次元結晶格子に対する逆格子の基本並進ベクトルの定義を用いて，逆格子の基本並進ベクトルを計算しよう。

3.4.1 単純立方格子に対する逆格子の基本並進ベクトル

単純立方格子の三つの基本並進ベクトル $\boldsymbol{a}_1$, $\boldsymbol{a}_2$, $\boldsymbol{a}_3$ で囲まれる立方体の体積 V は

$$V = (\boldsymbol{a}_1 \cdot \boldsymbol{a}_2 \times \boldsymbol{a}_3) = (a\hat{\boldsymbol{x}} \cdot a\hat{\boldsymbol{y}} \times a\hat{\boldsymbol{z}})$$
$$= a^3(\hat{\boldsymbol{x}} \cdot \hat{\boldsymbol{y}} \times \hat{\boldsymbol{z}}) = a^3 \tag{3.1}$$

となる。次に,式 (1.3) と式 (3.1) を,式 (2.4) で示した逆格子の基本並進ベクトルの定義に代入することにより

$$\boldsymbol{b}_1 = \frac{2\pi \boldsymbol{a}_2 \times \boldsymbol{a}_3}{V} = \frac{2\pi a^2 (\hat{\boldsymbol{y}} \times \hat{\boldsymbol{z}})}{a^3} = \frac{2\pi}{a} \hat{\boldsymbol{x}}$$

となる。同様に

$$\left. \begin{array}{l} \boldsymbol{b}_2 = \dfrac{2\pi}{a} \hat{\boldsymbol{y}} \\ \boldsymbol{b}_3 = \dfrac{2\pi}{a} \hat{\boldsymbol{z}} \end{array} \right\}$$

が得られる。以上のことから,単純立方格子の逆格子は,単純立方格子となる。そして,逆格子となる単純立方格子の一辺の長さは逆格子の基本並進ベクトルの大きさに等しいので,$2\pi/a$ となる。

3.4.2 単純立方格子の逆格子におけるブリルアンゾーン

単純立方格子における大きさが $2\pi/a$ の基本並進ベクトルは,$\pm(2\pi/a)\hat{\boldsymbol{x}}$,$\pm(2\pi/a)\hat{\boldsymbol{y}}$,$\pm(2\pi/a)\hat{\boldsymbol{z}}$ である。これら六つのベクトルの垂直二等分面で囲

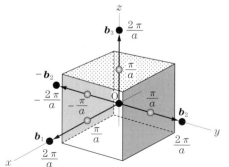

図 3.6 単純立方格子の逆格子における第 1 ブリルアンゾーン

まれた領域が，第1ブリルアンゾーンである。この単純立方格子の逆格子におけるブリルアンゾーンを**図 3.6** に示す。

3.5 体心立方格子の逆格子とブリルアンゾーン

式 (1.4) で示したように，体心立方格子における実格子の基本並進ベクトルは以下のようになる。

$$\left.\begin{aligned}\boldsymbol{a}_1 &= \frac{a}{2}(\hat{\boldsymbol{x}} + \hat{\boldsymbol{y}} - \hat{\boldsymbol{z}}) \\ \boldsymbol{a}_2 &= \frac{a}{2}(-\hat{\boldsymbol{x}} + \hat{\boldsymbol{y}} + \hat{\boldsymbol{z}}) \\ \boldsymbol{a}_3 &= \frac{a}{2}(\hat{\boldsymbol{x}} - \hat{\boldsymbol{y}} + \hat{\boldsymbol{z}})\end{aligned}\right\} \qquad 再掲式(1.4)$$

3.5.1 体心立方格子に対する逆格子の基本並進ベクトル

体心立方格子の三つの基本並進ベクトル $\boldsymbol{a}_1$, $\boldsymbol{a}_2$, $\boldsymbol{a}_3$ で囲まれる平行六面体の体積 V は

$$V = \left(\frac{a}{2}\right)^3 (\hat{\boldsymbol{x}} + \hat{\boldsymbol{y}} - \hat{\boldsymbol{z}}) \cdot (-\hat{\boldsymbol{x}} + \hat{\boldsymbol{y}} + \hat{\boldsymbol{z}}) \times (\hat{\boldsymbol{x}} - \hat{\boldsymbol{y}} + \hat{\boldsymbol{z}}) = \frac{a^3}{2} \qquad (3.2)$$

である。次に，式 (1.4) と式 (3.2) を，式 (2.4) で示した逆格子の基本並進ベクトルの定義に代入することにより

$$\begin{aligned}\boldsymbol{b}_1 &= 2\pi\left(\frac{a}{2}\right)^2 \frac{(-\hat{\boldsymbol{x}} + \hat{\boldsymbol{y}} + \hat{\boldsymbol{z}}) \times (\hat{\boldsymbol{x}} - \hat{\boldsymbol{y}} + \hat{\boldsymbol{z}})}{V} \\ &= \left(\frac{2\pi}{a}\right)(\hat{\boldsymbol{x}} + \hat{\boldsymbol{y}})\end{aligned}$$

となる。同様に

$$\left.\begin{aligned}\boldsymbol{b}_2 &= \left(\frac{2\pi}{a}\right)(\hat{\boldsymbol{y}} + \hat{\boldsymbol{z}}) \\ \boldsymbol{b}_3 &= \left(\frac{2\pi}{a}\right)(\hat{\boldsymbol{x}} + \hat{\boldsymbol{z}})\end{aligned}\right\}$$

が得られる。これらの逆格子の基本並進ベクトルは，立方体の1辺が $4\pi/a$ の

面心立方格子における基本並進ベクトルに対応している．したがって，体心立方格子の逆格子は，面心立方格子であり，体心立方格子でないことに注意してほしい．

3.5.2 体心立方格子の逆格子におけるブリルアンゾーン

図3.7に示すように，体心立方格子の逆格子である面心立方格子において，面心にある格子点を原点とし，この原点と隣接する格子点を結ぶベクトルを考えよう．yz平面に平行な平面には，原点と立方体の頂点を結ぶベクトルが含まれる．また，xy平面とxz平面に平行な平面では，原点と隣接する面心にある格子点を結んだベクトルが含まれる．このようなことから，原点と隣接する格子点を結ぶベクトルは12個存在する．第1ブリルアンゾーンの境界は，これらの12個のベクトルの垂直二等分面で囲まれた領域なので，図3.8に示すように，斜方十二面体となる．

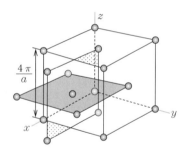

図3.7 体心立方格子に対する逆格子（＝面心立方格子）

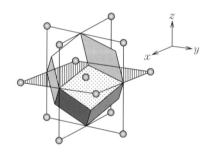

図3.8 体心立方格子の逆格子（＝面心立方格子）における第1ブリルアンゾーン

3.6 面心立方格子の逆格子とブリルアンゾーン

式(1.5)で示したように，面心立方格子における実格子の基本並進ベクトルは以下のようになる．

3.6 面心立方格子の逆格子とブリルアンゾーン

$$\left.\begin{array}{l}\boldsymbol{a}_1 = \dfrac{a}{2}(\hat{\boldsymbol{x}} + \hat{\boldsymbol{y}}) \\[4pt] \boldsymbol{a}_2 = \dfrac{a}{2}(\hat{\boldsymbol{y}} + \hat{\boldsymbol{z}}) \\[4pt] \boldsymbol{a}_3 = \dfrac{a}{2}(\hat{\boldsymbol{x}} + \hat{\boldsymbol{z}})\end{array}\right\} \qquad 再掲式(1.5)$$

3.6.1 面心立方格子に対する逆格子の基本並進ベクトル

面心立方格子の三つの基本並進ベクトル $\boldsymbol{a}_1$, $\boldsymbol{a}_2$, $\boldsymbol{a}_3$ で囲まれる平行六面体の体積 V は

$$V = \left(\frac{a}{2}\right)^3 (\hat{\boldsymbol{x}} + \hat{\boldsymbol{y}}) \cdot (\hat{\boldsymbol{y}} + \hat{\boldsymbol{z}}) \times (\hat{\boldsymbol{x}} + \hat{\boldsymbol{z}}) = \frac{a^3}{4} \tag{3.3}$$

となる．次に，式 (1.5) と式 (3.3) を，式 (2.4) で示した逆格子の基本並進ベクトルの定義に代入することにより

$$\boldsymbol{b}_1 = 2\pi \left(\frac{a}{2}\right)^2 \frac{(\hat{\boldsymbol{y}} + \hat{\boldsymbol{z}}) \times (\hat{\boldsymbol{x}} + \hat{\boldsymbol{z}})}{V} = \left(\frac{2\pi}{a}\right)(\hat{\boldsymbol{x}} + \hat{\boldsymbol{y}} - \hat{\boldsymbol{z}})$$

となる．同様に

$$\left.\begin{array}{l}\boldsymbol{b}_2 = \left(\dfrac{2\pi}{a}\right)(-\hat{\boldsymbol{x}} + \hat{\boldsymbol{y}} + \hat{\boldsymbol{z}}) \\[6pt] \boldsymbol{b}_3 = \left(\dfrac{2\pi}{a}\right)(\hat{\boldsymbol{x}} - \hat{\boldsymbol{y}} + \hat{\boldsymbol{z}})\end{array}\right\}$$

が得られる．これらの逆格子の基本並進ベクトルは，立方体の1辺が $4\pi/a$ の体心立方格子における基本並進ベクトルに対応している．この面心立方格子の逆格子を**図 3.9** に示す．面心立方格子の逆格子は，体心立方格子であり，面心立方格子でないことに注意してほしい．

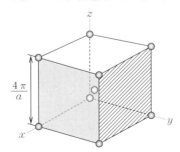

図 3.9 面心立方格子の逆格子（= 体心立方格子）

3.6.2 面心立方格子の逆格子におけるブリルアンゾーン

面心立方格子の逆格子である体心立方格子において，体心の格子点を原点とし，この原点と立方体の各頂点を結ぶベクトルは八つある。これらの八つのベクトルの垂直二等分面で囲まれた領域は，正八面体を形成する。ここで，原点となる体心の格子点と隣接する体心の格子点を結ぶベクトルは，六つ存在する。実は，**図 3.10** で示すように，正八面体の各頂点付近の領域は，体心にある格子点間を結ぶベクトルの垂直二等分面で切り取られる。以上のことから，**図 3.11** で示すように，面心立方格子の逆格子における第1ブリルアンゾーンは正八面体でなく，正八面体の各頂点を切り落とした切頂八面体となる。この切頂八面体の表面は，六つの正方形と八つの正六角形で構成されている。

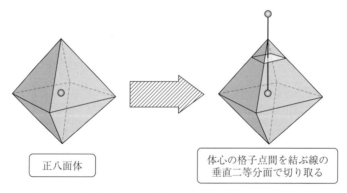

図 3.10 面心立方格子の逆格子（= 体心立方格子）における体心にある格子点の関係

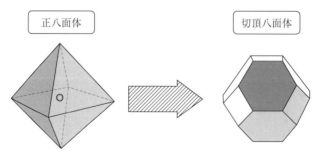

図 3.11 面心立方格子の逆格子（= 体心立方格子）における第1ブリルアンゾーン

演 習 問 題

3.1 ブリルアンゾーンを説明せよ。
3.2 周期 a の1次元格子に対する逆格子を求めよ。そして，1次元逆格子のブリルアンゾーンを求めよ。
3.3 2次元正方形格子の逆格子において，第1ブリルアンゾーンから第3ブリルアンゾーンまでを求めよ。
3.4 単純立方格子に対する逆格子の基本並進ベクトルを求めよ。そして，この逆格子に対するブラベ格子の名称と第1ブリルアンゾーンの形状について述べよ。
3.5 体心立方格子に対する逆格子の基本並進ベクトルを求めよ。そして，この逆格子に対するブラベ格子の名称と第1ブリルアンゾーンの形状について述べよ。
3.6 面心立方格子に対する逆格子の基本並進ベクトルを求めよ。そして，この逆格子に対するブラベ格子の名称と第1ブリルアンゾーンの形状について述べよ。

第4章 フォノン

本章では,格子の振動に関連する仮想的な粒子であるフォノンの考え方を紹介し,その特性を波数 k を使って説明する。そして,フォノンによる固体の比熱の性質を紹介する。

4.1 フォノンに関連する予備知識

4.1.1 結晶内で相互作用する主な粒子

素粒子とは,物質を構成する最小単位であり,電子,フォトン,ヒッグス粒子などが含まれる。一方で,準粒子とは仮想的な粒子であり,正孔やフォノンが含まれる。以下に,結晶内で相互作用する主な粒子を紹介しよう。

まずは,電気量の最小単位である**電子**がある。この電子は負の電気素量を持ち,素粒子の一つである。そして,パウリの排他原理に従うフェルミ粒子であるので,二つの電子は同じ状態を取ることができない。したがって,ある空間に閉じ込められた電子の数が多くなると,いくつかの電子は高いポテンシャルエネルギーを持たなければならなくなる。また,電子の動きは電流となる。これに対して,正の電気素量を持つのは**正孔**であり,電子が欠けた部分なので準粒子である。この正孔の動きも電流となる。

素粒子の一つである**フォトン**(あるいは**光子**)は,光エネルギーの最小単位である。このフォトンは粒子としての性質を持ち,いくつもの粒子が,同じ状態を取ることのできるボース粒子として振る舞う。一方で,電子と同様に,フォトンは波の性質も持っている。

結晶中での格子の振動エネルギーは量子化しており,その最小のエネルギーを持つ仮想的な粒子を**フォノン**と呼ぶ。このフォノンは準粒子であり,ボース

粒子として振る舞う。結晶内の格子振動が激しくなる現象は，フォノンの数が増加することに対応している。また，結晶中を伝搬する波は，フォノンが結晶中を移動することに対応する。

結晶中において，クーロン引力で引き付け合う電子と正孔のペアのことを**励起子**（あるいは**エキシトン**）と呼ぶ。この励起子は準粒子であり，13.4節で述べるように，光の吸収に大きな影響を及ぼす。

以上に示した五つの粒子が本書で取り扱う主な粒子である。これらの粒子が相互作用を及ぼし合うことにより，さまざまな固体物性が現れることになる。

4.1.2 波 の 種 類

波には縦波と横波がある。縦波とは，波の進行方向と媒質の振動方向が平行な波である。例えば，空気の密度の振動（疎密波）である音，あるいは地震のＰ波などは縦波の代表例である。一方で，横波とは，媒質の振動が波の進行方向に対して垂直な波である。したがって，横波は x 方向と y 方向の振動成分に分けることができる。例えば，電磁波や地震のＳ波が横波の代表例である。後の 4.4.2 項で述べるように，実際の結晶中では縦波と横波の両方が伝わる。

なお，本章で使用する波に関連する数式，フックの法則，テイラー展開，三角関数に関する情報については付録の A.2～A.7 にまとめたので，必要に応じて活用してほしい。

4.2 同種原子からなる1次元格子中を伝わる波

今までは，結晶中の原子は平衡位置で固定しているとしてきたが，実際には，熱エネルギーによって結晶中の原子は平衡位置の周りで振動している。これらの原子は，歪を加えても元に戻るゴムのような弾性体と考えることができる。そして，このような弾性体の中を伝わる波を**弾性波**と呼ぶ。本章での弾性波の解析では，以下のような二つの仮定 ①，② を設定する。

① 隣接原子間の相互作用だけを考慮する。

② 原子に働く力は**フックの法則**に従う．

これら①，②の仮定を用いて，結晶中における弾性波の伝搬を波数と力定数を使って表現しよう．

4.2.1 運動方程式

図 4.1 は，結晶中を伝わる縦波によって変位した原子面を横から見た様子を示している．原子面に垂直な方向に波が進行し，波の進行方向と原子面の振動方向が平行になっている．点線の位置が原子面の平衡位置であり，実線は平衡位置から変位した原子面を示している．この場合には，1 次元のモデルで原子面の振動を解析することができる．そこで，図の四角の枠で囲った s 番目とその前後の原子に注目し，隣接原子間の相互作用だけを考慮して，1 次元の運動方程式を立ててみよう．

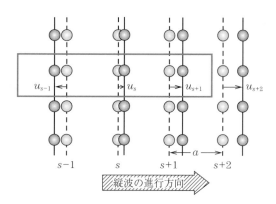

図 4.1 結晶中を伝わる縦波によって変位した原子面

u_s を s 番目の原子の平衡位置からの変位，C を隣接原子間の**力定数**（あるいは**バネ定数**）とすると，s 番目の原子に働く力 F_s は

$$F_s = -C(u_s - u_{s+1}) - C(u_s - u_{s-1}) \tag{4.1}$$

となる．式 (4.1) では，原子の変位に対して，元に戻る方向に力が働くので，係数に「−」の符号が付く．式 (4.1) の右辺第 1 項は，s 番目の原子の右側に

あるバネによる力に相当し，式 (4.1) の右辺第 2 項は，s 番目の原子の左側にあるバネによる力に相当している。一方で，M を原子の質量とすれば，$F_s \equiv M\,d^2u_s/dt^2$ なので，式 (4.1) は

$$M \frac{d^2 u_s}{dt^2} = C\,(u_{s+1} + u_{s-1} - 2\,u_s) \tag{4.2}$$

となる。

4.2.2 運動方程式の解

式 (4.2) に対しては

$$u_s = A \exp\left[i\,(ska - \omega t)\right] \tag{4.3}$$

の解が存在する。ここで，A は振幅，k は波数，a は平衡時の格子間隔（原子の間隔），ω は角振動数（角周波数），t は時間である。式 (4.3) で与えられる解を式 (4.2) に代入して，両辺を u_s で割ることにより，以下の式が得られる。

$$-M\omega^2 = C\left[\exp\,(ika) + \exp\,(-ika) - 2\right]$$

この式を解いて

$$\omega^2 = \frac{2\,C}{M}\left[1 - \cos\,(ka)\right] \tag{4.4}$$

となる。ここで，$1 - \cos(ka) = 2\sin^2(ka/2)$ を用いると，$\omega \geqq 0$ なので，式 (4.4) から

$$\omega = \left(\frac{4\,C}{M}\right)^{1/2} \left|\sin\left(\frac{ka}{2}\right)\right| \tag{4.5}$$

が得られる。式 (4.5) に含まれる ω と k の関係を ω-k **分散関係**と呼ぶ。この関係を**図 4.2** に示す。図では，正の値の k に対しては，波が左から右へ進むことに対応しており，負の値の k に対しては，波が右から左へ進むことに対応している。

図で示すように，$-\pi/a \leqq k \leqq \pi/a$ の性質が繰り返されているので，この範囲が第 1 ブリルアンゾーンとなる。このように，第 3 章において光の回折条件で第 1 ブリルアンゾーンを説明したが，弾性波の伝搬でも第 1 ブリルアンゾーンを定義することができる。

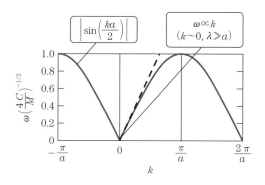

図 4.2 結晶中を伝わる波の ω-k 分散関係

4.2.3 長波長領域における波の性質

長波長領域では $\lambda \gg a$ であり，$k = 2\pi/\lambda$ なので，$1 \gg ka \sim 0$ の条件が成り立つ。つまり，弾性波の波長 λ が格子間隔 a よりも大きい場合であり，原子の間隔が意味を持つミクロな物性でなく，原子の間隔が無視できるマクロな物性を示すことになる。例えば，水や空気などの連続媒質中での波の伝搬では，物質中を伝わる波は，個々の分子の間隔を感じないことに対応している。

$ka \sim 0$ であるので，式 (4.5) において $\sin x \fallingdotseq x$ の近似（付録の A.5 参照）を利用して，$k \geqq 0$ の範囲では

$$\omega = \left(\frac{4C}{M}\right)^{1/2} \left|\sin\left(\frac{ka}{2}\right)\right| \fallingdotseq \left(\frac{C}{M}\right)^{1/2} ka \tag{4.6}$$

が得られる。したがって，一つの波が伝わる速度 v は，式 (4.6) を使うことにより

$$v = \frac{\omega}{k} = \left(\frac{C}{M}\right)^{1/2} a \tag{4.7}$$

となるので，v は ω や k に依存しない定数となる。

ここで，空気中を伝わる音について考えよう。人間が聞くことのできる音の周波数の範囲は，20 Hz から 20 kHz 程度である。空気中での音速は 340 m/s なので，最も大きな周波数でも，その波長 λ は 2 cm 程度である。したがって，人間が聞くことのできる音の波長 λ は，空気に含まれる分子の平均間隔 a よりもきわめて長いので，本節で考えている $\lambda \gg a$ という条件を満たしてい

る。そして，式 (4.7) の $v = (C/M)^{1/2}a$ の関係は，音速 v は ω に依存しないことを示している。このことは，音源と聞き手の距離に依存せず，どこでも音は同じように聞こえるという現象に対応している。もし，音速が周波数によって変化すると，音源からの距離によって音の聞こえ方が異なることになる。例えば，音の高さが高い声を持つ人と音の高さが低い声を持つ人が同時に話している場合，通常は，二人の声は同時に聞こえる。もし仮に，音速が音の高さ（周波数）に依存する場合には，音の高い声が先に聞こえ，音の低い声が後に聞こえることになり，違和感を覚えることになる。実際には，このようなことは起きていないので，音速は周波数に依存しないことが理解できる。

4.3 二つの異種原子からなる1次元格子中を伝わる波

次に，質量の異なる二つの原子からなる1次元格子において，この1次元格子の中を伝わる波の伝わり方について考えてみよう。

4.3.1 運動方程式

図 4.3 に示すように，s 番目の原子1の平衡位置からの変位を u_s，s 番目の原子2の平衡位置からの変位を v_s，原子 $i(i = 1, 2)$ の質量を M_i（ただし，$M_1 > M_2$）とする。そして，平衡時における同種原子間の距離を a とし，隣接原子間の力定数 C は同一とする。この場合，4.2.1項で議論した運動方程式

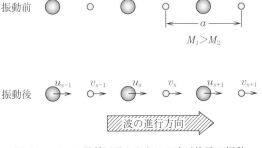

図 4.3　二つの異種原子からなる1次元格子の振動

(4.1) を参考にして，以下の二つの運動方程式を立てることができる．

$$
\left.\begin{aligned}
M_1 \frac{d^2 u_s}{dt^2} &= -C(u_s - v_s) - C(u_s - v_{s-1}) \\
&= C(v_s + v_{s-1} - 2u_s) \\
M_2 \frac{d^2 v_s}{dt^2} &= -C(v_s - u_{s+1}) - C(v_s - u_s) \\
&= C(u_{s+1} + u_s - 2v_s)
\end{aligned}\right\} \quad (4.8)
$$

4.3.2 運動方程式の解

4.2.2 項で議論した際と同様に，式 (4.8) で示した運動方程式に対しては，式 (4.9) に示すような一般解が存在する．

$$
\left.\begin{aligned}
u_s &= A \exp[i(ska - \omega t)] \\
v_s &= B \exp[i(ska - \omega t)]
\end{aligned}\right\} \quad (4.9)
$$

ここで，A, B は振幅，k は波数，ω は角振動数（角周波数），t は時間である．式 (4.9) で与えられる一般解を式 (4.8) に代入して，両辺を $\exp[i(ska - \omega t)]$ で割ることにより，式 (4.10) に示す二つの式が得られる．

$$
\left.\begin{aligned}
-\omega^2 M_1 A &= CB[1 + \exp(-ika)] - 2CA \\
-\omega^2 M_2 B &= CA[1 + \exp(ika)] - 2CB
\end{aligned}\right\} \quad (4.10)
$$

これらの二つの式 (4.10) は，行列を使うことにより，以下のように表すことができる．

$$
\begin{pmatrix} 2C - M_1\omega^2 & -C[1 + \exp(-ika)] \\ -C[1 + \exp(ika)] & 2C - M_2\omega^2 \end{pmatrix} \begin{pmatrix} A \\ B \end{pmatrix} = \begin{pmatrix} 0 \\ 0 \end{pmatrix}
$$

ここで，$A = B = 0$ の解は格子が振動していないことに対応するので，上記の行列において $A = B = 0$ 以外の解を持つ必要がある．したがって，上記の行列の行列式が 0 になる必要がある．この条件は，$[\exp(ika) + \exp(-ika)]/2 = \cos(ka)$ の関係を使って

$$
M_1 M_2 \omega^4 - 2C(M_1 + M_2)\omega^2 + 2C^2[1 - \cos(ka)] = 0 \quad (4.11)
$$

である．$\cos(ka)$ は周期関数なので，第 1 ブリルアンゾーンは $-\pi/a \leq k \leq \pi/a$ の範囲であることがわかる．次に，ブリルアンゾーンの原点や第 1 ブリル

アンゾーン端における ω の値を計算しよう。

4.3.3 ブリルアンゾーンの原点における ω

ブリルアンゾーンの原点では $k=0$ なので，式 (4.11) は以下のようになる。

$$M_1 M_2 \omega^4 - 2C(M_1 + M_2)\omega^2 = 0$$

ここで，$\omega \geqq 0$ であるので，ω の値が小さな解を ω_-，ω の値が大きな解を ω_+ とすると，この方程式の解は式 (4.12)，(4.13) のとおりとなる。

$$\omega_- = 0 \tag{4.12}$$

$$\omega_+ = \left[2C\left(\frac{1}{M_1} + \frac{1}{M_2}\right)\right]^{1/2} \tag{4.13}$$

4.3.4 第1ブリルアンゾーン端における ω

第1ブリルアンゾーン端では，$ka = \pm\pi$ なので，$\cos(ka) = -1$ を式 (4.11) に代入して因数分解すると，式 (4.14) が得られる。

$$(M_1\omega^2 - 2C)(M_2\omega^2 - 2C) = 0 \tag{4.14}$$

ここで，$\omega \geqq 0$，および $M_1 > M_2$ なので，方程式 (4.14) の解は以下のとおりになる。

$$\left.\begin{array}{l} \omega_- = \left(\dfrac{2C}{M_1}\right)^{1/2} \\[2mm] \omega_+ = \left(\dfrac{2C}{M_2}\right)^{1/2} \end{array}\right\}$$

4.3.5 長波長領域における ω-k 分散関係

まず，$1 - \cos(ka) = 2\sin^2(ka/2)$ なので，4.3.2 項で得られた式 (4.11) は，式 (4.15) のように変形できる。

$$M_1 M_2 \omega^4 - 2C(M_1 + M_2)\omega^2 + 4C^2 \sin^2\left(\frac{ka}{2}\right) = 0 \tag{4.15}$$

この ω^2 に関する2次方程式 (4.15) を解くと

$$\omega^2 = C\frac{M_1 + M_2}{M_1 M_2}(1 \pm \alpha) \tag{4.16}$$

ただし，
$$\alpha = \left[1 - \frac{4\,M_1 M_2 \sin^2(ka/2)}{(M_1 + M_2)^2}\right]^{1/2} \tag{4.17}$$

となる．ここで，$k = 2\pi/\lambda$ なので，長波長領域では，$1 \gg ka \sim 0$ が成立する．この際，以下の近似式（付録の A.5 を参照）を用いることができる．

$$\left.\begin{array}{l}\sin x \fallingdotseq x \\ (1-x)^{1/2} \fallingdotseq 1 - \dfrac{1}{2}x\end{array}\right\}$$

したがって，式 (4.17) の α は

$$\alpha \fallingdotseq \left[1 - \frac{4\,M_1 M_2\,(ka/2)^2}{(M_1 + M_2)^2}\right]^{1/2} \fallingdotseq 1 - \beta \tag{4.18}$$

ただし，$\beta = \dfrac{2\,M_1 M_2\,(ka/2)^2}{(M_1 + M_2)^2} \tag{4.19}$

となる．

式 (4.15) における ω の値が小さな解を ω_- とすると，式 (4.18) の α および式 (4.19) の β を式 (4.16) に代入することにより，$k \gtreqless 0$ の範囲では

$$\omega_- \fallingdotseq \left[\frac{C(M_1 + M_2)}{M_1 M_2}\beta\right]^{1/2} \fallingdotseq \left[\frac{C}{2\,(M_1 + M_2)}\right]^{1/2} ka \tag{4.20}$$

を得ることができる．式 (4.20) は，「ブリルアンゾーンの原点付近では，ω_- は k に比例する」ことを示している．このことは，同種原子からなる 1 次元格子中における ω-k 分散関係と同様な結果である．

一方で，式 (4.15) における ω の値が大きな解を ω_+ とすると，式 (4.18) の α を式 (4.16) に代入し，$\beta \sim 0$ を考慮することにより

$$\omega_+ = \left[\frac{C(M_1 + M_2)}{M_1 M_2}(2 - \beta)\right]^{1/2} \fallingdotseq \left[2\,C\left(\frac{1}{M_1} + \frac{1}{M_2}\right)\right]^{1/2} \tag{4.21}$$

が得られる．式 (4.21) は，「$k = 0$ の原点付近では，ω_+ は k の値に依存せず，ω_+ は一定の値になる」ことを示している．

以上の計算で得られた ω-k 分散関係を**図 4.4** に示す．これらの関係から，次のことがわかる．まず，$k = 0$ 付近の ω_+ は k にあまり依存しない．これに対して，ω_- は原点を通り，単調に増加する．そして，原点付近での ω は k に

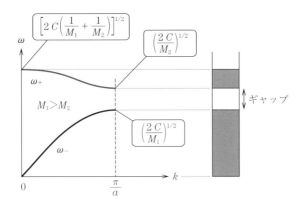

図 4.4 二つの異種原子からなる 1 次元格子中の
フォノンの ω-k 分散関係

比例する。また，ω の解が存在しないギャップがある。このようなギャップ中に対応する ω の波は，結晶格子中を伝搬できないことを示している。この現象は，結晶格子内で電子が取ることのできるエネルギーにギャップがあることに類似している。このエネルギーギャップについては第 6 章で紹介する。

4.4　音響フォノンと光学フォノン

4.3 節で計算したように，二つの異種原子からなる 1 次元格子中を伝わる波には，ω_- と ω_+ の 2 種類の角振動数がある。このことは，2 種類の異なる振動モードが存在することに対応している。ここでは，この振動モードについて考えてみよう。

4.4.1　ブリルアンゾーンの原点におけるフォノンの振動

式 (4.10) の一つ目の式に $k = 0$ を代入することにより

$$-\omega^2 M_1 A = 2CB - 2CA \tag{4.22}$$

が得られる。

ここで，ブリルアンゾーンの原点を考えているので，式 (4.12) から $\omega_- =$

0 である。この $\omega_- = 0$ を式 (4.22) の ω に代入することにより，$C \neq 0$ であるので，$A = B$ を得ることができる。このことは，「原子1と原子2の振動の振幅が等しく，隣り合った二つの原子の振動方向が同じである」ことを示している。この振動モードは，4.3.5項で述べたように ω-k 分散関係において原点を通ることから，結晶中を音波が伝搬する際の振動に対応する。そこで，ω_- の振動モードは**音響フォノン**と呼ばれる。この音響フォノンの振動の様子を**図4.5**（a）に示す。

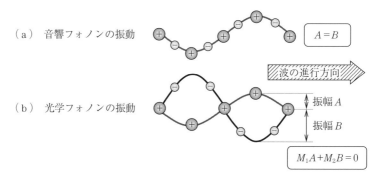

図4.5 音響フォノンおよび光学フォノンの振動

同様に，式 (4.13) で得られた $\omega_+ = [2C(1/M_1 + 1/M_2)]^{1/2}$ を式 (4.22) の ω に代入することにより，$M_1 A + M_2 B = 0$ を得ることができる。このことは，「隣り合った二つの原子の振動方向は互いに逆になっており，両者の重心は原点にある」ことを示している。二つの原子が互いに逆向きに振動するので，二つの原子が正と負のイオンの場合には，結晶内に電界が発生することになる。この結果，この電界は電磁波である光との相互作用が可能であることから，ω_+ の振動モードは**光学フォノン**と呼ばれる。この光学フォノンの振動の様子を図（b）に示す。

4.4.2 フォノンの種類

4.4.1項で説明したように，フォノンには，音響フォノン（Acoustic phonon）と光学フォノン（Optical phonon）が存在する。また，波には縦波（Longitudinal wave) と横波（Transverse wave) がある。実際の半導体では，それぞれのフォノンや波に対する隣接原子間の力定数が異なることから，異なるω-k分散関係が現れる。このため，上記の組合せにより，4種類のフォノンが存在することになる。これらの4種類のフォノンは，それぞれの英語の頭文字を取って，TA, LA, TO, LO フォノンと呼ばれている。

図 4.6 は，半導体の一つである GaAs 中のフォノンに対する分散関係を示しており，上記の4種類のフォノンを観測することができる。3次元の実際の結晶においては，フォノンの伝搬特性は波数ベクトルの方向 k に依存する。図では，Γ 点（k の原点）から X 点〔(1, 0, 0) 方向の k〕に向けて k の大きさを変化させた場合の分散関係を示している。なお，Γ 点や X 点などの詳細については，図 8.3 および 8.4.1 項の説明を参照してほしい。

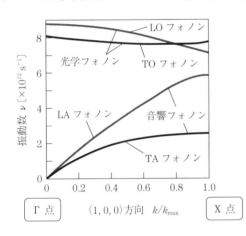

図 4.6　GaAs における (1, 0, 0) 方向のフォノンの分散関係

4.5　フォノン比熱

比熱とは，「1 g 当りの物質の温度を 1 ℃ 上げるのに必要な熱量」として定義される。そして，われわれが対象としている結晶においては，原子の振動が比熱に寄与しているので，フォノンによる比熱が重要となる。なお，次の 4.5.1 項で取り扱う**調和振動子**とは，理想的なバネにつながれた物体のことで

あり，フックの法則に従う。このような場合に，フォノンの比熱について考えてみよう。

4.5.1 比熱のアインシュタインモデル

3次元の原子の振動方向は x, y, z 方向の三つの自由度を持つ。そこで，N 個の原子の振動を互いに独立な $3N$ 個の調和振動子と見なし，これらの調和振動子が単一の ω で振動すると仮定する。そして，これらの調和振動子が持つエネルギーが，ボース-アインシュタイン分布に従うとする。これらの仮定を用いると，定積比熱 C_V は

$$C_V = 3Nk_B \frac{x^2 e^x}{(e^x-1)^2} \quad \left(\text{ただし，} x = \frac{\hbar \omega}{k_B T}\right) \tag{4.23}$$

と導くことができる。ここで，$\hbar$ は換算プランク定数，k_B はボルツマン定数，T は絶対温度である。式 (4.23) で示した定積比熱 C_V が，**アインシュタインモデル**によって求めたフォノンの比熱である。このアインシュタインモデルは非常に簡単な仮定を使ったのにもかかわらず，このモデルを使ってフォノンの比熱の温度特性を比較的よく説明することができる。

4.5.2 高温での比熱

4.5.1 項で示した，比熱のアインシュタインモデルで得られた式 (4.23) において，$T \to \infty$（つまり，$x \to 0$）とした場合には

$$C_V = 3Nk_B$$

となる。N がアボガドロ数（1 モル当りの原子の個数）であれば，$3Nk_B = 3R$ （R は気体定数）となる。このように，アインシュタインモデルを使って，古典論から導くことのできる**デューロン-プティの法則**を得ることができる。

4.5.3 デバイの T^3 法則

上記のアインシュタインモデルで得られた比熱は，低温での実験値と一致しない。このような低温領域における比熱は，**デバイの T^3 法則**に従う。つま

り，低温領域における定積比熱 C_V は $C_V \propto T^3$ となる。

以上をまとめると，低温領域におけるフォノンによる比熱は，デバイの T^3 法則に従う。これに対して，低温以外の領域では，アインシュタインモデルによって，フォノンによる比熱の温度特性を比較的よく説明することができる。そして，高温の極限では，デューロン-プティの法則に従うことになる。このようなフォノンによる比熱の温度特性の計算例を図 4.7 に示す。

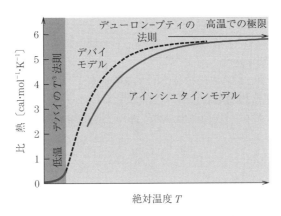

図 4.7　フォノンによる比熱の温度特性の計算例

低温におけるアインシュタインモデルで導いた比熱は実験値との差が大きい。したがって，図では，アインシュタインモデルで導いた計算値は，比較的高い温度領域の計算値だけを示している。なお，アインシュタインモデルを発展させたデバイモデルを用いて，少々複雑な関数を使って計算した例を図の破線で示した。このデバイモデル使えば，すべての温度領域における比熱の温度特性を説明することができる。

演 習 問 題

4.1 同種原子からなる1次元格子中のフォノンに対する ω-k 分散関係を求めよ。その際に，運動方程式の解が
$$u_s = A \exp\left[i(ska - \omega t)\right]$$

であることを用いよ。

4.2 問題4.1で得られた ω-k 分散関係を図示し，第1ブリルアンゾーンを示せ。

4.3 問題4.1において，原子の間隔よりも波長が長い領域での ω-k 分散関係を求め，その物理的な意味を述べよ。

4.4 二つの異種原子からなる1次元格子中のフォノンに対しては，以下の二つの関係式が得られる。これらの式を用いて，ブリルアンゾーンの原点，およびブリルアンゾーン端における ω の値を求めよ。

$$-\omega^2 M_1 A = CB[1 + \exp(-ika)] - 2CA$$
$$-\omega^2 M_2 B = CA[1 + \exp(ika)] - 2CB$$

4.5 問題4.4で求めた値などを用いて，k と ω の関係を図示し，その関係における物理的な特徴を述べよ。

4.6 音響フォノンと光学フォノンについて説明せよ。

4.7 フォノン比熱の温度特性について述べよ。

4.8 アインシュタインモデルを使って，式 (4.23) で与えられるフォノンの比熱を導け。

第5章　金属の自由電子モデル

　本章では，金属内を自由に動き回る伝導電子を念頭に置いて，電子の性質を紹介する。この伝導電子の性質を調べるために，原子が作るポテンシャルや電子間の相互作用の影響を無視する。このように，電子間の相互作用を無視することは，気体分子運動論における気体分子と同じように伝導電子を取り扱うことに対応している。また，運動エネルギーとパウリの排他原理を考慮し，フェルミ-ディラック分布に従うこととする。以上のような仮定に従う物体を**自由電子フェルミ気体**と呼び，これらの取扱いを**自由電子モデル**，あるいはフェルミ気体モデルと呼んでいる。

5.1　シュレディンガーの波動方程式

　電子は粒子性と波動性の二つの性質を併せ持っている。粒子性の性質からは，負の電気素量を持つ素粒子として扱うことができる。これに対して，波動性の性質を持つために，本節で紹介するように，電子の挙動はシュレディンガーの波動方程式に従うことになる。

　ハイゼンベルクの不確定性原理から，電子の位置と運動量を同時に特定することができないことがわかっている。このため，電子の位置は存在確率で表現することになる。ここで，1次元の**シュレディンガーの波動方程式**で求めることのできる電子の**波動関数** $\Psi(x)$ には，「x と $x+dx$ の間に電子が存在する確率は $|\Psi(x)|^2 dx$ で表現できる」という意味がある。したがって，電子の位置の存在確率を求めるためには，シュレディンガーの波動方程式を使って $\Psi(x)$ を計算すればよい。

　電子の質量を m，電子に対するポテンシャルエネルギーを $U(x)$ とすれば，

時間を含まない1次元シュレディンガーの波動方程式は

$$-\frac{\hbar^2}{2m}\frac{d^2\Psi(x)}{dx^2} + U(x)\Psi(x) = E\Psi(x) \tag{5.1}$$

と記述できる。ここで，$\hbar$ は換算プランク定数であり，E は**エネルギー固有値**である。次に，$U(x)$ が与えられたときに，式 (5.1) の波動方程式を用いて，波動関数 $\Psi(x)$ とエネルギー固有値 E を計算しよう。

5.2　1次元井戸型ポテンシャル中の電子

本節で用いる井戸型ポテンシャルとは，高さが無限大の二つの壁に囲まれたポテンシャルである。このポテンシャル形状を**図 5.1** に示す。

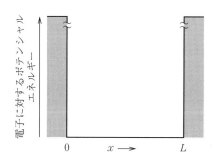

図 5.1　高さが無限大の壁を持つ1次元井戸型ポテンシャル

二つの壁に挟まれた部分を井戸と呼び，この井戸の幅を L とする。図の縦軸は電子に対するポテンシャルエネルギーであるので，電子は図の下方向に蓄積されやすい。このように，電子に対するポテンシャルエネルギーは，ポアソン方程式で取り扱う静電ポテンシャル（電位）とは向きが逆になることに注意してほしい。

さて，図の電子に対するポテンシャルエネルギー $U(x)$ を数式で示すと，井戸の中では $U(x) = 0$ となり，井戸の外では $U(x) = \infty$ となる。このように，高さが無限大の二つの壁に囲まれていることから，電子は井戸の中に完全に閉じ込められており，電子は井戸の外には出ることができない。

5.2.1 波動関数の境界条件

一般的に,式 (5.1) のような微分方程式を解くためには,境界条件が必要となる。ここでは,電子の存在確率が $|\Psi(x)|^2$ で表すことができ,電子は井戸の外には出ることができないことがわかっている。これらのことを数式で表現すると

$$x \leqq 0 \text{ あるいは } x \geqq L \text{ において,} \Psi(x) = 0$$

となる。このことから,シュレディンガーの波動方程式の境界条件として

$$\left. \begin{array}{l} \Psi(0) = 0 \\ \Psi(L) = 0 \end{array} \right\} \tag{5.2}$$

を得ることができる。

5.2.2 波動方程式と解

5.2.1 項で説明したように,井戸の外に対応する $x \leqq 0$ あるいは $x \geqq L$ では $\Psi(x) = 0$ を求めることができた。次に,井戸の中の $\Psi(x)$ を求める。井戸の中に対応する x の範囲は $0 \leqq x \leqq L$ であり,図 5.1 で示したように,この範囲では $U(x) = 0$ である。このことを考慮して,$0 \leqq x \leqq L$ の範囲における式 (5.1) の波動方程式を記述すると,以下のようになる。

$$-\frac{\hbar^2}{2m} \frac{d^2 \Psi(x)}{dx^2} = E\Psi(x)$$

上記の微分方程式の $\Psi(x)$ の一般解は

$$\Psi(x) = A\sin(k_x x) + B\cos(k_x x) \quad (\text{ただし,}A \text{ および } B \text{ は定数}) \tag{5.3}$$

で与えられるので,式 (5.2) で示した境界条件を用いてこの微分方程式を解くことになる。

まず,$\Psi(0) = 0$ であることから,式 (5.3) において $B = 0$ となるので

$$\Psi(x) = A\sin(k_x x)$$

が得られる。この $\Psi(x)$ を波動方程式に代入して,両辺を $A\sin(k_x x)$ で割ることにより

5. 金属の自由電子モデル

$$E = \frac{\hbar^2}{2m} k_x^2 \tag{5.4}$$

を得る。

次に，二つ目の境界条件である $\Psi(L) = 0$ を用いると

$k_x L = n\pi$　〔ただし，n は自然数（量子数）〕

の関係が成り立つので

$$\left.\begin{array}{l} \Psi(x) = A \sin\left(\dfrac{n\pi x}{L}\right) \\[6pt] E = \dfrac{\hbar^2}{2m}\left(\dfrac{n\pi}{L}\right)^2 \end{array}\right\} \tag{5.5}$$

となる。n は自然数であるので，図 5.2 に示すように，井戸の中では E は離散的な値を取る。このことは，電子の取ることのできるエネルギー E が量子化されていることに対応している。このようなことから，E はエネルギー固有値

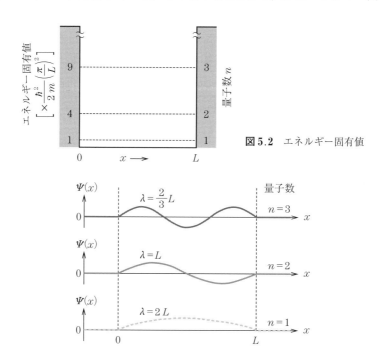

図 5.2　エネルギー固有値

図 5.3　高さが無限大の壁を持つ 1 次元井戸型ポテンシャル中の電子の $\Psi(x)$

と呼ばれている。そして，離散的なエネルギー固有値を順に並べたものを**エネルギー準位**と呼ぶ。このようにして得られた $\Psi(x)$ を**図5.3**に示す。

5.2.3 得られた計算結果の物理的意味

式 (5.5) で示した $\Psi(x)$ をもとに，電子の存在確率である $|\Psi(x)|^2$ を**図5.4**に示す。この図から，$n=1$ のエネルギー準位に存在する電子は，井戸の中央付近に存在する確率が高い。そして，井戸の両端に存在する確率は低い。同様に，$n=2$ のエネルギー準位に存在する電子は，井戸の両端と中央での存在確率が低く，井戸の両端から $L/4$ だけ離れた井戸内の位置における存在確率が高いことがわかる。このように，1次元のシュレディンガーの波動方程式を使うことによって，電子が存在する位置を計算できることがわかった。

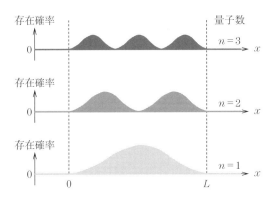

図5.4 1次元井戸型ポテンシャル中の電子の存在確率

5.2.4 フェルミエネルギー

5.2.3項までに取り扱った1次元井戸の中に，電子を詰めていくことを考えよう。まず，電子は**パウリの排他原理**に従うので，二つの電子は，同じ状態を取ることができない。また，電子のスピン状態は二つあることから，一つのエネルギー固有値 E を取ることができる電子は二つになる。したがって，N 個の電子に対しては，$N/2$ 個のエネルギー固有値 E が必要となる。

ここで，N 個の電子を井戸の中に順々に詰めていくと，電子はエネルギーの低い準位から占有していく。したがって，電子の数 N とともに，エネルギー固有値 E が増加することになる。そして，最大のエネルギー固有値 E を**フェルミエネルギー** (E_F) と呼ぶ。1次元井戸に N 個の電子を詰める場合には，式 (5.5) において量子数 $n = N/2$ の関係を考慮すると，フェルミエネルギー E_F は

$$E_F = \frac{\hbar^2}{2m}\left(\frac{N\pi}{2L}\right)^2$$

となる。この式は，電子数 N とともにフェルミエネルギー E_F が増加することを示している。

5.3 立方体に閉じ込められた電子

今までは，1次元の電子について議論したが，本節では一辺が L の立方体の中に閉じ込められた電子を考える。そして，① 立方体の表面には電子が存在せず，② 立方体内では電子に対するポテンシャルエネルギーを無視することができ，③ このような立方体が結晶の全体にわたって周期的に配列している，と仮定する。

5.3.1 3次元シュレディンガーの波動方程式と解

立方体の中では，電子に対するポテンシャルエネルギーを無視できるので，$U(x, y, z) = 0$ となる。したがって，立方体内における時間を含まない3次元シュレディンガーの波動方程式は，波動関数 $\Psi(x, y, z)$ を使って式 (5.6) のように記述できる。

$$-\frac{\hbar^2}{2m}\left(\frac{\partial^2}{\partial x^2} + \frac{\partial^2}{\partial y^2} + \frac{\partial^2}{\partial z^2}\right)\Psi(x, y, z) = E\Psi(x, y, z) \quad (5.6)$$

さらに，立方体の表面には電子が存在しないことから，以下の境界条件を使うことができる。

5.3 立方体に閉じ込められた電子

$$\Psi(0, y, z) = \Psi(x, 0, z) = \Psi(x, y, 0) = 0$$

この境界条件を使うことにより，微分方程式 (5.6) の一般解は

$$\Psi(x, y, z) = A \sin(k_x x)\sin(k_y y)\sin(k_z z) \tag{5.7}$$

と記述できる．さらに，立方体が周期的に配列していることに対する境界条件は

$$\Psi(x, y, z) = \Psi(x+L, y, z) = \Psi(x, y+L, z) = \Psi(x, y, z+L)$$

である．式 (5.7) に，上記の境界条件である $\Psi(x, y, z) = \Psi(x+L, y, z)$ を代入すると

$$\sin(k_x x) = \sin[k_x(x+L)]$$

の関係を得ることができる．したがって，k_x に関する条件は

$$k_x = \frac{2 n_x \pi}{L} \quad (\text{ただし，} n_x \text{は整数})$$

となる．同様にして，式 (5.8) のような波数に関する条件を得ることができる．

$$\left. \begin{array}{l} k_x = \dfrac{2 n_x \pi}{L} \\[4pt] k_y = \dfrac{2 n_y \pi}{L} \\[4pt] k_z = \dfrac{2 n_z \pi}{L} \end{array} \right\} \quad (\text{ただし，} n_i \text{は整数}) \tag{5.8}$$

5.3.2 フェルミエネルギー

立方体内の波動方程式 (5.6) に式 (5.7) の一般解を代入し，両辺を $\Psi(x, y, z)$ で割ることにより

$$E = \frac{\hbar^2}{2m}(k_x^2 + k_y^2 + k_z^2)$$

を得ることができる．電子の最大エネルギーは E_F であるので，立方体内に存在するすべての電子の波数 (k_x, k_y, k_z) は，式 (5.9) を満たすことになる．

$$E_F \geqq \frac{\hbar^2}{2m}(k_x^2 + k_y^2 + k_z^2) \tag{5.9}$$

ここで，$E_F = [\hbar^2/(2m)]k_F^2$ とおくと，式 (5.9) は

$$k_F^2 \geqq k_x^2 + k_y^2 + k_z^2 \tag{5.10}$$

となる。式 (5.10) は，逆格子空間（k 空間）における半径 k_F の球の内部を表す式である。したがって，エネルギーが E_F 以下の離散的なエネルギー固有値 E の数は，半径 k_F の球内にある (k_x, k_y, k_z) の数に等しくなる。そして，式 (5.8) で示したように，逆格子空間内での (k_x, k_y, k_z) の組の数は，$k_x = 0$, $\pm 2\pi/L$, $\pm 4\pi/L$, … であることを考慮すると，体積 $(2\pi/L)^3$ 当りに一組の (k_x, k_y, k_z) が存在することになる。この $(2\pi/L)^3$ がとても小さな値であり，半径 k_F の球の中にある (k_x, k_y, k_z) の組の数がエネルギー固有値の数であることから，エネルギー固有値 E の数は $(4/3)\pi k_F^3/(2\pi/L)^3$ となる。

N 個の電子をこの立方体内に詰め込む場合は，1次元井戸の場合と同様に，二つのスピン状態があることを考慮して

$$\frac{N}{2} = \frac{4\pi k_F^3}{3(2\pi/L)^3} \tag{5.11}$$

が成立する。式 (5.11) から

$$k_F = \left(\frac{3\pi^2 N}{V}\right)^{1/3} \quad \text{〔ただし，$V = L^3$（立方体の体積）〕}$$

となるので，この式と $E_F = [\hbar^2/(2m)]k_F^2$ を利用して

$$E_F = \frac{\hbar^2}{2m} k_F^2 = \frac{\hbar^2}{2m}\left(\frac{3\pi^2 N}{V}\right)^{2/3} \tag{5.12}$$

が得られる。**図 5.5** に示すように，半径 k_F の $\hbar/\sqrt{2m}$ 倍の球の表面がエネル

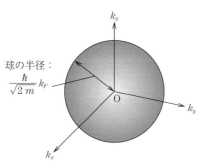

図 5.5 自由電子モデルにおけるフェルミ面

ギー E_F のフェルミ面となる。そして，式 (5.12) は，立方体の中に入れる電子の数 N が多くなるにつれて，E_F が大きくなることを示しており，フェルミ面を形成する球が大きくなることに対応している。

5.3.3 状態密度

式 (5.12) における E_F を E に置き換えると，エネルギー E 以下の電子数 N は

$$N = \frac{V}{3\pi^2}\left(\frac{2mE}{\hbar^2}\right)^{3/2} \tag{5.13}$$

で表すことができる。ここで，**状態密度** $D(E)$ と dE の積を，「（絶対温度 $T = 0$ における）E と $E + dE$ の間のエネルギーを持つ電子の濃度」と定義する。この定義を積分の式で表現すると

$$\int D(E)dE = \frac{N}{V}$$

である。微分の式で表現するためには，両辺の微分を取って

$$D(E) = \frac{1}{V}\frac{dN}{dE} \tag{5.14}$$

が得られる。式 (5.13) で与えられた N を式 (5.14) に代入することにより

$$D(E) = \frac{1}{2\pi^2}\left(\frac{2m}{\hbar^2}\right)^{3/2} E^{1/2} \tag{5.15}$$

が得られる。**図 5.6** は，式 (5.15) で得られた $D(E)$ と E の関係を示してい

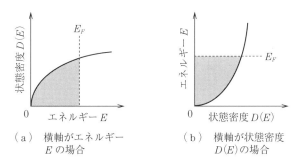

（a）横軸がエネルギー E の場合　　（b）横軸が状態密度 $D(E)$ の場合

図 5.6　状態密度とエネルギーの関係

る。エネルギー E を横軸に取った場合と，状態密度 $D(E)$ を横軸に取った場合について示した。これらのグラフでは縦軸と横軸が入れ替わっているだけであるが，いずれの図もしばしば使うことがあるので，2種類の図を示すことにした。

電子はエネルギーの低い準位から入るので，E_F 以下のエネルギー準位が電子で占有される。したがって，図において，E_F 以下の灰色で塗りつぶした部分の面積が電子の濃度に対応している。ここで，エネルギー固有値 E は離散的な値を取るが，その間隔はとても小さいので，図における E は連続した値として取り扱っている。なお，次の5.4節で詳しく述べるが，この図は絶対温度 $T=0$ のときの電子分布に対応しており，T が上昇すると E_F 以上のエネルギーを持つ電子が発生するので，注意してほしい。

5.4 フェルミ-ディラックの分布関数

フェルミ-ディラックの分布関数（あるいは**フェルミ分布関数**）とは，電子に代表されるフェルミ粒子が従うべき分布関数であり，エネルギー E の状態を電子が占める割合である。その分布関数は

$$f(E) = \frac{1}{\exp\left[(E-E_F)/(k_B T)\right] + 1} \tag{5.16}$$

で表現できる。絶対零度（$T=0$）での $f(E)$ は，**図 5.7**（a）に示すように

$$f(E) = \begin{cases} 1 & (E < E_F) \\ 0 & (E > E_F) \end{cases}$$

であり，すべての電子が E_F 以下に分布している（厳密にいうと，$T=0$ におけるフェルミエネルギー E_{F0} は，$T>0$ における E_F よりも大きい。ただし，$E_{F0} \fallingdotseq E_F$ である）。

これに対し $T>0$ では，図（b）に示すように，熱エネルギー $k_B T$ によって電子が E_F よりも高いエネルギー状態に励起される。この結果，E_F を境に熱エネルギー $k_B T$ 程度の範囲で，$f(E) \fallingdotseq 1$ から $f(E) \fallingdotseq 0$ へ減少することに

5.4 フェルミ-ディラックの分布関数　65

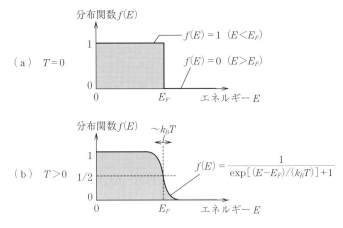

図5.7　フェルミ分布関数 $f(E)$ の温度特性

なる。そして，エネルギーの低い準位を占める電子の確率は100％に近くなり，エネルギーの高い準位を占める電子は0％に近くなる。また，式(5.16)からもわかるように，フェルミエネルギー E_F を持つ電子の占有確率は $f(E_F)$ ＝1/2となる。逆に，「電子の占有確率が1/2となるエネルギーがフェルミエネルギー E_F である」と定義することもできる。

$T>0$ における実際の電子濃度 n は，状態密度 $D(E)$ およびフェルミ分布関数 $f(E)$ を用いて

$$n = \int D(E)f(E)dE \tag{5.17}$$

で表すことができる。ここで，$D(E)$ はエネルギー E を持つ電子が入ることの

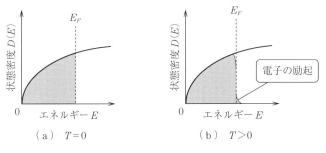

図5.8　熱エネルギーによる電子の励起

できる濃度であり，$f(E)$は電子がエネルギーEの状態を占める割合に対応している。**図5.8**には，$T=0$と$T>0$におけるEと$D(E)$の関係を示す。$T>0$では，E_F付近の電子配置が異なることに注意してほしい。

この$D(E)$と$f(E)$の関係は，次のような例に対応している。例えば，球場やコンサートホールにある単位面積当りの席の数が$D(E)$に相当し，それぞれの席に人が座っている確率が$f(E)$に対応しているとイメージできる。この場合には，席の数に席が埋まっている確率を掛けて，それらを積分すれば，球場やコンサートホールに入場している単位面積当りの人数を計算することができる。

演 習 問 題

5.1 高さが無限大の壁を持つ1次元井戸型ポテンシャル中の$\Psi(x)$の一般解は
$$\Psi(x) = A\sin(k_x x) + B\cos(k_x x)$$
で与えられる。この$\Psi(x)$を求め，その物理的な意味について述べよ。

5.2 フェルミエネルギーを説明せよ。

5.3 一辺がLの立方体に閉じ込められた電子に対して，エネルギーE_F以下の電子数を求めよ。ただし，立方体の表面には電子が存在しない。そして，電子の存在確率には立方体ごとの周期性があり，1次元井戸のエネルギー固有値は$[\hbar^2/(2m)]k_x^2$で与えられるものとする。

5.4 問題5.3で求めた結果を利用して，一辺がLの立方体に閉じ込められた電子に対して，状態密度とエネルギーの関係を求めよ。

5.5 フェルミ-ディラックの分布関数を説明せよ。

第 6 章　バンド理論

本章では，金属，半導体，絶縁体におけるそれぞれの電気伝導特性を説明するために必要なバンド理論を紹介する。第5章では，シュレディンガーの波動方程式において $U(x, y, z) = 0$ の平たんなポテンシャルを使って，金属中の伝導電子の性質について紹介した。しかしながら，$U(x, y, z) = 0$ の平たんなポテンシャルを用いただけでは，半導体あるいは絶縁体と金属の電気伝導特性が異なることを説明することはできない。ここでは，半導体や絶縁体の電気伝導特性を説明するために，$U(x, y, z) = 0$ の平たんなポテンシャルを用いた自由電子モデルを改良し，周期的なポテンシャルを採用することにする。このような周期的なポテンシャルを採用すると，バンドギャップと呼ばれる電子が存在できないエネルギー領域が発生する。さらに，6.5節では，半導体にバンドギャップが存在することを示す直接的な現象として，半導体の光吸収について紹介する。

6.1　エネルギーバンド図

6.1.1　バンドギャップとエネルギーバンド

一般に，結晶内のポテンシャルエネルギー $U(x, y, z)$ は，各原子が形成するポテンシャルが重なることで形成されるので，結晶内には周期的なポテンシャルが形成されることになる。このような周期的ポテンシャルがある場合には，6.4節で説明するように，**バンドギャップ**と呼ばれる電子が存在できないエネルギー領域が発生する。このバンドギャップに対して，電子が存在できるエネルギー領域を（許容）**エネルギーバンド**と呼ぶ。これらのバンドギャップとエネルギーバンドの概念を使えば，6.1.2～6.1.5項で紹介するように，半

導体あるいは絶縁体と金属の電気伝導特性が異なることを説明することができるようになる。なお，半導体や絶縁体においてバンドギャップが発生する現象は，第4章においてフォノンの性質を調べた際に，ある角振動数の波が結晶中を伝搬できないことと似た現象である。

半導体や絶縁体に存在するバンドギャップの大きさを，**バンドギャップエネルギー** E_g と呼ぶ。この E_g は，われわれの日常生活でも観測できるマクロな量である。これに対して，第5章の自由電子モデルを使って計算したエネルギー固有値 E は，量子力学的なミクロな量である。このため，離散的なエネルギー固有値 E のエネルギー間隔は小さすぎるので，われわれの日常生活では離散的な値として観測することはできない。このように，E_g の大きさに比べて，エネルギー固有値 E の間隔はきわめて小さいので，今後の議論では，エネルギー固有値 E を連続した変数 E として取り扱うことにする。

6.1.2 金属，半導体，絶縁体のエネルギーバンド図

まずは，バンドギャップとエネルギーバンドを使って，金属，半導体，絶縁体の電気伝導がどのように説明できるかについて紹介しよう。金属，半導体，絶縁体の**エネルギーバンド図**（あるいは，単に**バンド図**）を**図 6.1** に示す。

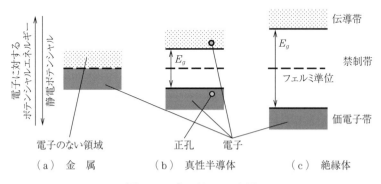

図 6.1　エネルギーバンド図

図の縦軸は電子に対するポテンシャルエネルギーであり，静電ポテンシャル（電位）の向きとは逆になるため，電子はエネルギーの低いほうから蓄積する

ことになる。また，このエネルギーバンド図の横軸は距離 x である。ただし，場合によっては，エネルギーバンド図の横軸が状態密度 $D(E)$ や波数 k の場合もあるので，注意してほしい。

図（c）で示したように，エネルギーの低いエネルギーバンドを**価電子帯**，エネルギーの高いエネルギーバンドを**伝導帯**，両者の間のエネルギー領域を**禁制帯**と呼ぶ。この禁制帯は，バンドギャップとも呼ばれている。そして，禁制帯のエネルギー幅をバンドギャップエネルギーと呼び，E_g で表す。電子は禁制帯に対応するエネルギーを取ることができないので，禁制帯には電子が存在することができない。これに対して，価電子帯には多数の電子が存在する。また，伝導帯における電子の数は E_g や絶対温度 T の値に依存する。なお，図（a）で示したように，金属にはバンドギャップがない。次に，このようなエネルギーバンド図を使って，それぞれの物質の電気伝導特性を説明しよう。

6.1.3　絶縁体における電気伝導

図 6.1（c）で示したように，**絶縁体**の E_g は熱エネルギー $k_B T$ よりも非常に大きいために，熱エネルギーによって価電子帯の電子を伝導帯に励起することが難しい。このため，価電子帯は多数の電子で埋まっており，電子が動くためのすきまがない。このように，価電子帯には多数の電子が存在するが，これらの電子は動くことができないので，絶縁体では電流を流すことができない。例えば，価電子帯を満員電車，電子を満員電車に乗っている人に置き換えると，価電子帯で電子が動けない様子は，満員電車の中で人が動けないのと同じ状況になる。

6.1.4　真性半導体における電気伝導

真性半導体とは，不純物を含まない純粋な半導体のことを指す。この真性半導体では，バンドギャップは存在するが，図 6.1（b）で示したように，絶縁体に比べて E_g の値が小さい。

絶対零度（$T = 0$）では，価電子帯に存在する電子は熱エネルギーによって伝

導帯に励起されないので，$T=0$での真性半導体は絶縁体である。これに対して，$T>0$では，**図6.2**に示すように，フェルミ-ディラック分布に従い，価電子帯の電子の一部が熱エネルギーによって伝導帯に励起される。この伝導帯では電子のすきまがいくらでもあるため，電子は自由に動くことができる。一方で，価電子帯の電子が伝導帯に励起されたことにより，価電子帯には電子の空きができるので，この電子の空きが正孔として振る舞う。この価電子帯における正孔も自由に動き回ることができる。以上のように，真性半導体では，伝導帯に励起された電子と価電子帯に発生した正孔の数は少ないものの，これらの電子と正孔は自由に動き回ることができる。この結果，$T>0$での真性半導体では，電流を少し流すことができる。

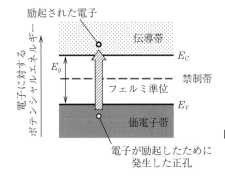

図6.2 真性半導体のエネルギーバンド図

実際には，半導体に不純物を混ぜることにより，熱エネルギーによって多くの電子や正孔を励起することが可能となり，大きな電流を流すことができるようになる。この不純物ドーピングについては，第9章で説明することにする。

6.1.5 金属における電気伝導

第5章で説明したように，金属にはバンドギャップが存在せず，$E_g=0$である。このため，最もエネルギーの高いエネルギーバンドにも多数の電子が存在していることになる。図6.1（a）で示したように，金属のフェルミ準位付近には電子のすきまがいくらでもあるので，フェルミ準位付近に存在する電子は自由に動き回ることができる。このように，多くの電子が自由に動き回れる

ので，金属では大きな電流を流すことができる。なお，金属であっても，フェルミ準位よりもエネルギーが非常に低い領域では電子が詰まっている。したがって，これらの電子は動くことができないので，電流には寄与しない。

以上のように，エネルギーバンドとバンドギャップを使うことにより，半導体あるいは絶縁体と金属における電気伝導特性の区別を説明できる。

6.2 ブロッホの定理

6.1 節で説明したように，バンドギャップとエネルギーバンドを使うと，半導体あるいは絶縁体と金属における電気伝導特性の区別を説明できることがわかった。次に，なぜバンドギャップが形成されるかに興味が持たれる。そのバンドギャップが形成される理由を説明する準備として，まずは，シュレディンガーの波動方程式における周期的ポテンシャルに関する定理を紹介しよう。

6.2.1 リング状の1次元結晶

長さ Na の輪の上に，N 個の格子点がある場合を考える。この場合，ポテンシャルエネルギー $U(x)$ は周期的になり，格子点と同じ周期 a の関数となるので
$$U(x) = U(x + sa) \quad (ただし，s は整数)$$
の関係が成立する。また，ポテンシャルエネルギーと同様に，電子の存在確率も周期的になることが期待できるので
$$|\Psi(x)|^2 = |\Psi(x + a)|^2$$
が得られる。この式を解くと
$$\Psi(x + a) = C\Psi(x) \quad (ただし，C は定数) \tag{6.1}$$
となる。C は実数だけでなく，複素数であってもよいので，$C = \pm 1$ だけが解ではないことに注意してほしい。以上の結果を用いて，N 番目の波動関数には，以下の関係が成立する。
$$\begin{aligned}\Psi(x + Na) &= C\Psi(x + (N-1)a) \\ &= C\,[C\Psi(x + (N-2)a)]\end{aligned}$$

$$= \cdots$$
$$= C^N \Psi(x)$$

ここで，N 個の格子点の輪を考えているので，1 周したら，元に戻ることを考慮すると

$$\Psi(x + Na) = \Psi(x)$$

となる必要がある。この式を式 (6.1) に代入して

$$C^N = 1$$

を得ることができる。したがって，C は 1 の N 乗根となることから

$$C = \exp\left(\frac{i2\pi s}{N}\right) \quad (\text{ただし，} s \text{ は } 0 \leqq s \leqq N-1 \text{ の整数})$$

となる。この C の値を式 (6.1) に代入すると

$$\Psi(x + a) = \exp\left(\frac{i2\pi s}{N}\right)\Psi(x)$$

となる。この式に $\Psi(x) = u(x)\exp(ikx)$ を代入すると

$$\left.\begin{array}{l} u(x) = u(x + a) \\ k = \dfrac{2\pi s}{Na} \end{array}\right\}$$

の関係が成立すればよい。このように，周期的なポテンシャルエネルギー $U(x)$ を持つシュレディンガーの波動方程式の解は

$$\Psi(x) = u(x)\exp(ikx) \quad [\text{ただし，} u(x + a) = u(x)] \tag{6.2}$$

の形で表すことができる。式 (6.2) は，「周期的ポテンシャルがある場合のシュレディンガーの波動方程式の解 $\Psi(x)$ は，任意の周期関数 $u(x)$ と位相因子 $\exp(ikx)$ の積で表すことが可能である」ことを示している。これを**ブロッホの定理**と呼び，式 (6.2) で示した $\Psi(x)$ のことを**ブロッホ関数**と呼ぶ。

6.2.2 3次元結晶でのブロッホの定理

3次元結晶に対するブロッホ関数は

$$\Psi(\boldsymbol{r}) = u(\boldsymbol{r})\exp(i\boldsymbol{k}\cdot\boldsymbol{r})$$

の形で表せる。ただし，格子点の並進ベクトル $\boldsymbol{R}$（基本並進ベクトルでの操

作）を使って，$u(\boldsymbol{r}+\boldsymbol{R}) = u(\boldsymbol{r})$を満たす必要がある．

次に，このブロッホの定理を用いて，周期的ポテンシャルが存在する場合のシュレディンガーの波動方程式を解いてみよう．

6.3 クローニッヒ-ペニーのモデル

クローニッヒ-ペニーのモデルとは，シュレディンガーの波動方程式において周期的ポテンシャルがある場合，バンドギャップとエネルギーバンドが発生することを証明するモデルである．本節では，クローニッヒ-ペニーのモデルを用いた $\varPsi(x)$ の計算について紹介しよう．

6.3.1 周期的ポテンシャルとシュレディンガーの波動方程式の解

実際の原子が作るポテンシャルは，クーロンポテンシャルに代表されるように，複雑な形状をしている．このような実際の原子が作る周期的ポテンシャルの例を，**図 6.3** に示す．

図 6.3　周期的ポテンシャルの例

クローニッヒ-ペニーのモデルでは，図 6.3 で示した複雑な形状のポテンシャルのかわりに，計算での取扱いを簡単にするために，**図 6.4** に示すような 1

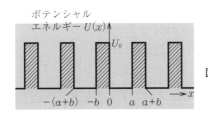

図 6.4　1 次元の井戸型周期的ポテンシャル

次元の井戸型周期的ポテンシャルを採用する。

図 6.4 のポテンシャルに対応するシュレディンガーの波動方程式は，式 (6.3)，(6.4) のように記述できる。

$0 \leqq x \leqq a$ では

$$-\frac{\hbar^2}{2m}\frac{d^2\Psi(x)}{dx^2} = E\Psi(x) \tag{6.3}$$

$-b \leqq x \leqq 0$ では

$$-\frac{\hbar^2}{2m}\frac{d^2\Psi(x)}{dx^2} + U_0\Psi(x) = E\Psi(x) \tag{6.4}$$

式 (6.4) 中の U_0 は井戸型周期的ポテンシャルの高さを示しており，定数であることに注意してほしい。ここで，図 6.4 に示すポテンシャルは周期的ポテンシャルであるので，ブロッホの定理を利用できる。したがって，式 (6.3)，(6.4) に，式 (6.2) で示したブロッホ関数 $\Psi(x) = u(x)\exp(ikx)$ を代入することができる。この際，二つの領域におけるポテンシャルエネルギーの値が異なるので，二つの領域に対して，二つの周期関数 $u_1(x)$ および $u_2(x)$ を使うことに注意してほしい。そして，$\alpha^2 = (2m/\hbar^2)E$，$\beta^2 = (2m/\hbar^2)(U_0 - E)$ と置き換えることにより，二つの x の領域に対して，以下の式が得られる。

$0 \leqq x \leqq a$ では

$$\frac{d^2u_1(x)}{dx^2} + 2ik\frac{du_1(x)}{dx} + (\alpha^2 - k^2)u_1(x) = 0$$

$-b \leqq x \leqq 0$ では

$$\frac{d^2u_2(x)}{dx^2} + 2ik\frac{du_2(x)}{dx} - (\beta^2 + k^2)u_2(x) = 0$$

上記二つの 2 階の線形微分方程式を解くと，以下の解が得られる。

$0 \leqq x \leqq a$ では

$$u_1(x) = A\exp[i(\alpha - k)x] + B\exp[-i(\alpha + k)x] \tag{6.5}$$

（ただし，A および B は定数）

$-b \leqq x \leqq 0$ では

$$u_2(x) = C\exp[(\beta - ik)x] + D\exp[-(\beta + ik)x] \tag{6.6}$$

(ただし，C および D は定数)

一般に，微分方程式を解くためには境界条件が必要である。ここでの境界条件は，「$x = 0$，およびポテンシャル境界において，二つの周期関数 $u_1(x)$ および $u_2(x)$ が連続であり，さらに滑らかに接続する」ことである。滑らかに接続することは，それぞれの境界においての微分係数が等しいことであるので，境界条件は①〜④のように表すことができる。

① $u_1(0) = u_2(0)$

② $\dfrac{du_1(x)}{dx}\bigg|_{x=0} = \dfrac{du_2(x)}{dx}\bigg|_{x=0}$

③ $u_1(a) = u_2(-b)$

④ $\dfrac{du_1(x)}{dx}\bigg|_{x=a} = \dfrac{du_2(x)}{dx}\bigg|_{x=-b}$

これらの境界条件に $u_1(x)$ および $u_2(x)$ を代入すると，式 (6.5)，(6.6) に含まれる係数 A〜D に関する四つの線型斉次方程式が得られる。そして，$A = B = C = D = 0$ 以外の解が存在するためには，四つの線型斉次方程式から得られる 4×4 の行列の行列式が 0 になる必要があるので

$$\frac{\beta^2 - \alpha^2}{2\alpha\beta} \sinh(\beta b) \sin(\alpha a) + \cosh(\beta b) \cos(\alpha a) = \cos[k(a+b)] \tag{6.7}$$

の条件が得られる。

6.3.2 周期的ポテンシャルの近似

式 (6.7) において，$U_0 b$ の値を一定として，$U_0 \to \infty$ および $b \to 0$ とすると

$$\frac{mU_0 b}{\hbar^2} \frac{\sin(\alpha a)}{\alpha} + \cos(\alpha a) = \cos(ka)$$

となり，さらに，$P = mU_0 ba/\hbar^2$ および $\theta = \alpha a$ に置き換えると

$$P \frac{\sin \theta}{\theta} + \cos \theta = \cos(ka) \tag{6.8}$$

が得られる。式 (6.8) を満たす θ と k の関係を求めることができれば，θ を α

に変換し、さらに、α を E に変換することにより、E と k の関係を計算することができる。式 (6.8) は簡単に解けるわけではないが、次に、この解について考察しよう。

6.4 バンドギャップの形成

6.4.1 電子のエネルギー

まずは、電子が取ることのできるエネルギー E の範囲を考えよう。式 (6.8) における左辺を $f(\theta) = P\sin\theta/\theta + \cos\theta$ とおくと、$f(\theta)$ は以下の性質を持つ。

① $\theta \to 0$ のときに、$f(\theta) \fallingdotseq P + 1 > 1$
② $\theta \to \infty$ のときに、$f(\theta) \fallingdotseq \cos\theta$
③ $f(-\theta) = f(\theta)$

この性質を利用して、$f(\theta)$ のグラフを示すと**図 6.5** のようになる。

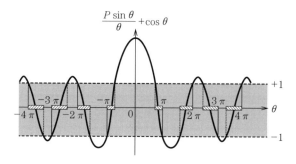

図 6.5 $f(\theta) = P\sin\theta/\theta + \cos\theta$ のグラフ

6.3.2 項で述べたように、式 (6.8) における $f(\theta)$ と $\cos(ka)$ の交点が θ と k の関係を示しているので、この交点が E と k の関係を与えることになる。ここで、$-1 \leqq \cos(ka) \leqq 1$ なので、$-1 \leqq f(\theta) \leqq 1$ の領域だけに解が存在することになる。したがって、θ の範囲は図における θ 軸上の太線部分に限定される。$\theta = \alpha a$ および $\alpha^2 = (2m/\hbar^2)E$ であることを考えると、電子が存在す

ることのできるエネルギー E の範囲も限定されることになる。このことは，電子が存在することのできるエネルギーバンドが形成されるとともに，バンドギャップが発生することを示している．

6.4.2 E-k 分散関係

図 6.6 において，E が不連続となる k の値は，$\cos(ka) = \pm 1$ を満たす場合であるので，このような k が満たす条件は以下のようになる．

$$k = \frac{n\pi}{a} \quad (\text{ただし，} n = \pm 1, \pm 2, \pm 3, \cdots)$$

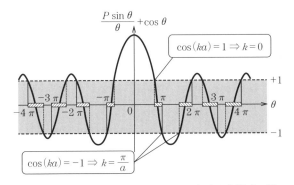

図 6.6 クローニッヒ-ペニーモデルにおける方程式の解

例えば，図 6.6 に示すように，$ka = \pi$ に対して二つの θ が存在するので，一つの k に対して，二つの E が存在することになる．このように，$k = n\pi/a$ において電子が取ることのできるエネルギー E が不連続となることがわかる．

図 6.7 に，自由電子モデルで得られた式 (5.4) で示される E-k 分散関係と，周期的ポテンシャルがある場合の E-k 分散関係の比較を示す．実線は周期的ポテンシャルがある場合の E-k 分散関係であり，点線は 1 次元の自由電子モデルで得られた E-k 分散関係を示している．自由電子モデルでは，連続な E-k 分散関係を示しているのに対し，周期的ポテンシャルがあると，$k = n\pi/a$ で E の値が不連続となることがわかる．

78　6. バンド理論

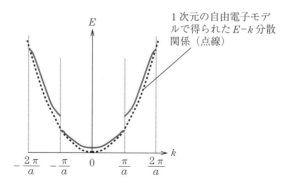

図 6.7　周期的ポテンシャルがある場合の E-k 分散関係

6.4.3　還元ゾーン形式

$\cos(ka)$ は k に関する周期関数であることから，第1ブリルアンゾーンの範囲は，$-\pi/a \leqq k \leqq \pi/a$ となる。そして，第2ブリルアンゾーンは $-2\pi/a \leqq k \leqq -\pi/a$，および $\pi/a \leqq k \leqq 2\pi/a$ である。ここで，**図 6.8** に示すように，破線で示した第2ブリルアンゾーン以降の E-k 分散関係をブリルアンゾーンの幅（$2\pi/a$）の整数倍だけ移動して，第1ブリルアンゾーン内（$-\pi/a \leqq k \leqq \pi/a$）に表示する形式を**還元ゾーン形式**と呼ぶ。

図 6.9 は図 6.8 の第1ブリルアンゾーンの領域だけを示している。還元ゾー

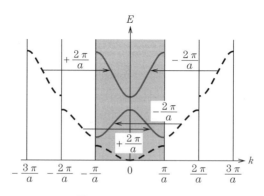

図 6.8　還元ゾーン形式

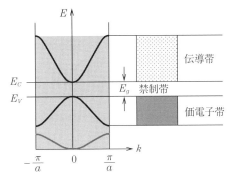

図 6.9 伝導帯と価電子帯の形成

ン形式の表示によって，伝導帯と価電子帯のエネルギーバンドの形成やバンドギャップが形成される様子を示している．そして，E_g は**伝導帯の底**のエネルギー E_C と**価電子帯の頂上**のエネルギー E_V の差で表すことができ

$$E_g = E_C - E_V$$

の関係がある．

6.5 半導体中での光吸収

　半導体にバンドギャップが存在することにより，半導体の電気伝導特性を説明することができた．そして，6.4 節では，シュレディンガーの波動方程式に周期的ポテンシャルがあるとバンドギャップとエネルギーバンドが発生することを紹介した．ここでは，バンドギャップエネルギーが実際に存在することが確認できる例として，半導体における光の吸収についての性質を紹介する．なお，付録の A.3 に「光に関連する関係式と情報」を示したので，必要に応じて，参照してほしい．

6.5.1 半導体における光吸収過程

　フォトン（光子）はエネルギーを持っていることから，熱エネルギーと同様に，価電子帯の電子を伝導帯へ励起させることができる．そして，価電子帯には電子の空きである正孔が発生する．このように，フォトンが半導体に吸収さ

れると,電子と正孔が形成され,この結果,フォトンは消滅する。

図6.10 に示すように,このような半導体へのフォトンの吸収は,フォトンが持つエネルギーに依存する。そして,フォトンが半導体に吸収された場合は,価電子帯の電子がフォトンのエネルギーを受け取り,伝導帯へ励起することになる。

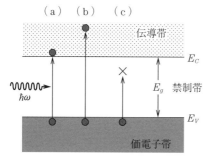

図6.10 光吸収の光エネルギー依存性

図では,半導体が完全な結晶であるために,禁制帯には電子が存在できないことを想定している。まず,フォトンのエネルギー $\hbar\omega$ がバンドギャップエネルギー E_g よりも小さい場合($\hbar\omega < E_g$)は,価電子帯の電子には伝導帯に励起するためのエネルギーを与えることができない。このため,フォトンは半導体に吸収されないことになる。この様子を図(c)に示す。したがって,このようなエネルギーの低いフォトンに対しては,半導体は透明な物質として振る舞うので,フォトンは半導体を通り抜けることができる。この現象が半導体にバンドギャップがあることの証拠となる。これに対して,フォトンの $\hbar\omega$ が E_g よりも大きい場合($\hbar\omega \geqq E_g$)は,フォトンが半導体に吸収されて消滅する。そして,フォトンの持つエネルギーを受け取った価電子帯の電子は伝導帯に励起されるので,半導体中には電子と正孔が形成される。この様子を図(a),(b)に示す。

6.5.2 直接遷移型半導体における光吸収

6.5.1項で説明したように,E_g 以下の光エネルギーを持つフォトンは半導体に吸収されない。これに対して,E_g 以上のエネルギーを持つフォトンは半

導体に吸収される。ここで，図 **6.11** で示すように，光の吸収量がフォトンのエネルギー $\hbar\omega$ に対して急峻な立上がりを示し，E_g 付近でフォトンを効率よく吸収する半導体を**直接遷移型半導体**と呼ぶ。直接遷移型半導体の例としては，GaAs や InP などがあげられ，発光ダイオード（LED）やレーザーダイオード（LD）の材料として使われている。

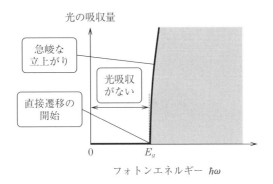

図 **6.11**　直接遷移型半導体における光吸収特性

6.5.3　間接遷移型半導体における光吸収

直接遷移型半導体と同様に，E_g 以下のエネルギーを持つフォトンは半導体に吸収されない。これに対して，E_g 以上のエネルギーを持つフォトンは，半導体に吸収される。この場合，図 **6.12** で示すように，E_g 付近での吸収量がフ

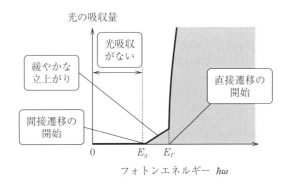

図 **6.12**　間接遷移型半導体における光吸収特性

ォトンのエネルギー $\hbar\omega$ に対して緩やかな立上がりを示す半導体がある．ただし，$\hbar\omega$ が E_Γ を超えると，直接遷移型半導体と同様に，フォトンの吸収量は急峻な立上がりを示す．これは，光吸収過程が E_Γ の前後で変化して，間接遷移から直接遷移に移行することに対応している．このように，2段階の光吸収過程を持つ半導体を**間接遷移型半導体**と呼ぶ．この間接遷移型半導体の例としては，SiやGeなどがあげられる．

さらなる光吸収過程の詳細は，第8章で説明するので，興味のある読者はそちらを参照してほしい．

演習問題

6.1 金属・絶縁体・真性半導体のエネルギーバンド図を示し，それぞれのバンド図の特徴を述べよ．

6.2 問題6.1で得られたエネルギーバンド図を用いて，各材料の電気伝導特性を説明せよ．

6.3 ブロッホの定理を説明せよ．

6.4 クローニッヒ-ペニーのモデルで用いるポテンシャル形状を示し，1次元のシュレディンガーの波動方程式を示せ．さらに，このシュレディンガーの波動方程式を解く際に用いる境界条件を示せ．

6.5 クローニッヒ-ペニーのモデルによって得られる結論を述べよ．そして，このモデルによって得られた E-k 分散関係を還元ゾーン方式で示し，その意味について述べよ．

6.6 式 (6.8) で示した $P\sin\theta/\theta + \cos\theta = \cos(ka)$ の方程式において，$P \to 0$，あるいは $P \to \infty$ とした場合に得られる結果について考察せよ．

6.7 直接遷移型半導体と間接遷移型半導体の例をあげ，これらの半導体における光の吸収特性の違いについて説明せよ．

第 7 章　固体内の電気伝導

本章では，固体内の電気伝導に関する現象を紹介し，その現象を引き起こすメカニズムを解説する。特に，電気伝導に大きな影響を及ぼす有効質量や移動度に注目して説明する。

7.1 有効質量

電子が粒子性と波動性を持つことを利用して，**有効質量**という概念を紹介しよう。必要に応じて，付録の A.2 に掲載した波の速度を参照してほしい。

まず，電子の群速度 $v_g \equiv d\omega/dk$ とエネルギー $E \equiv \hbar\omega$ を用いて，波としての電子の速度は

$$v_g = \frac{d(E/\hbar)}{dk} = \frac{1}{\hbar}\frac{dE}{dk} \tag{7.1}$$

と表すことができる。

次に，電界などを印加することにより，電子に力 F を加えた場合には，エネルギー E の増加分は，動いた距離の増加分 dl と式 (7.1) を使って

$$dE = F \times dl$$
$$= F \times (v_g\, dt)$$
$$= \frac{F}{\hbar}\frac{dE}{dk}\, dt$$

となる。上記の式の両辺から dE を削除することにより

$$\frac{dk}{dt} = \frac{F}{\hbar} \tag{7.2}$$

の関係式が得られる。

一方で，電子の波動性を利用して加速度を求めると，式 (7.1) を用いて

$$a \equiv \frac{dv_g}{dt} = \frac{d[(1/\hbar)(dE/dk)]}{dt} = \frac{1}{\hbar}\frac{d^2E}{dk^2}\frac{dk}{dt}$$

となり，式 (7.2) の関係を用いると

$$a = \frac{1}{\hbar^2}\frac{d^2E}{dk^2}F$$

が得られる．

ここで，電子を粒子として扱うと，$F \equiv m^*a$ の関係が成立するので，上式と比較すると

$$m^* = \frac{\hbar^2}{d^2E/dk^2} \tag{7.3}$$

となる．式 (7.3) は，「結晶中の周期的ポテンシャル内で運動する電子は，質量があたかも m^* の粒子として振る舞う」ことを示している．このため，m^* を有効質量と呼んでいる．この m^* は，図 6.7 や図 6.9 で示したような E-k 分散関係において，E を k で 2 階微分することにより得ることができる．そして，結晶内の電子に対する 1 次元のシュレディンガーの波動方程式では，式 (5.1) の m を有効質量 m^* に入れ替えて，以下のように表すことができる．

$$-\frac{\hbar^2}{2m^*}\frac{d^2\Psi(x)}{dx^2} + U(x)\Psi(x) = E\Psi(x)$$

7.2 オームの法則

電流とは，ある断面を単位時間に通過する電荷量 [C/s] に相当する．また，**ドリフト電流**とは，物体に電界を印加した際に流れる電流である．これらの定義を用いて，**オームの法則**を求めてみよう．

まずは，**図 7.1** で示すように，断面が S [cm^2] で長さが d [cm] の半導体の棒の両端に電圧を印加することを考える．棒に含まれる電子濃度を n [cm^{-3}]，電子の速度を v [cm/s] とする．この場合，**図 7.2** に示す断面を 1 秒間に通過する電子の数は，断面積が S で高さが ($v \times 1$) の直方体に含まれる電子の数となるので，$(v \times 1) \times S \times n$ で与えられる．一方で，電流密度 J

7.2 オームの法則

図7.1 断面積 S で長さ d の半導体

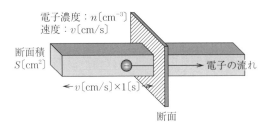

図7.2 ある断面を1秒間に通過する電子の数

〔A/cm^2〕の定義から，図7.2に示す断面を1秒間に通過する電子の数は，電子の電荷 q を用いて，$(J/q) \times S$ で与えられる．以上の二つの電子の数は等しいので，$J = nqv$ が得られる．

ここで，低電界では，キャリアの速度は電界の大きさ E に比例することが知られているので，$v = \mu E$ と表すことができる．この式の比例定数 μ を**移動度**と呼ぶ．移動度の単位は，$\mu = v/E$ を利用すると〔cm/s〕/〔V/cm〕＝〔cm^2/(Vs)〕となる．したがって

$$J = nq\mu E$$

が得られ，この式はオームの法則を示している．電気伝導率 σ〔S/cm〕は，$\sigma = nq\mu = 1/\rho$ であるから，オームの法則を

$$J = \sigma E \tag{7.4}$$

で示すこともある．また，抵抗率 ρ〔Ωcm〕を使うことにより，図7.1に示した半導体の両端の抵抗 R は

$$R = \rho \frac{d}{S} \tag{7.5}$$

と表すことができる．以上のことから，棒の両端に電圧 V が一様に印加され，電流 I が流れているとすれば，式 (7.4) で与えられる電界 E と式 (7.5) を使

って

$$V = E \times d$$
$$= \frac{1}{\sigma}\frac{I}{S} \times d$$
$$= \rho \frac{d}{S} \times I$$
$$= R \times I$$

となり，オームの法則の見慣れた式が得られる．

7.3 ドルーデの理論

本節では，7.2節で述べた移動度μの意味を考えよう．結晶中の電子に電界Eを加えて，この電子が一定時間ごとに格子と衝突し，衝突後の速度が0になると仮定する．そして，熱平衡状態において，すべての電子が同じ衝突時間を持つと仮定する．以上の仮定を使って，移動度がどのような物理量と関係しているかを示す**ドルーデの理論**を紹介しよう．

まず，結晶に一様な電界Eを印加し，電子が格子と衝突する平均の時間である**緩和時間**をτとする．ここで，ある時点では，半導体の中には，衝突直前，衝突直後，その中間の電子などさまざまな電子が存在することになる．緩和時間τは平均の衝突時間であるから，衝突直後と衝突直前の中間にある電子が衝突する時間に対応している．したがって，一つの電子に注目すると，衝突の時間間隔は2τとなる．

電子を電界Eで加速しているので，$m^* dv/dt = qE$ が成立する．この式を利用して，電子の速度vの時間依存性は**図7.3**のように示すことができる．図から，電子の平均の速度vは

$$v = 2\tau \times \frac{dv}{dt} \times \frac{1}{2} = \frac{\tau q}{m^*} E$$

この速度vを移動度μの定義と比較すると

7.4 磁場内のキャリアの運動   87

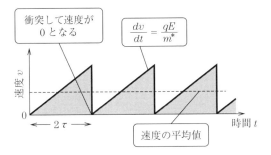

図 7.3　電子の速度の時間依存性

$$\mu = \frac{\tau q}{m^*}$$

が得られる．この式から，μ の大きな材料とは，長い緩和時間 τ と小さな有効質量 m^* を持つ材料であることがわかる．つまり，電子の有効質量が軽くて，電子が格子と衝突しにくい材料であることを示しており，違和感のない結論が得られた．

7.4　磁場内のキャリアの運動

本節では，移動度 μ を測定する方法について紹介しよう．

図 7.4 に示すように，幅が W，厚さ d の断面を持つ平板において，断面に垂直な方向に電流を流す．電流としては，x 方向に進む正孔を考え，この正孔に z 方向の磁場（磁束密度 B_z）を印加する．この場合には，運動している正孔に対して，$-y$ 方向にローレンツ力（$B_z q v_x$）が働く．この結果，$-y$ 方向

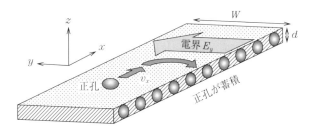

図 7.4　磁場を印加した薄膜中での正孔の運動

の端面に正孔が蓄積し，この蓄積した正孔によって，y 方向に電界 E_y が発生する。したがって，平板の $-y$ 方向に向かって電圧が高くなる。このように発生した電圧を**ホール電圧**と呼ぶ。そして，このホール電圧は

$$V_H = E_y W \tag{7.6}$$

で与えられる。定常状態では，$-y$ 方向の端面の正孔により発生した電界による力とローレンツ力が等しくなるので

$$B_z q v_x = q E_y \tag{7.7}$$

となる。

ここで，x 方向に進む正孔による電流 I_x は，平板に含まれる正孔濃度を p とすると

$$I_x = (pqv_x) \times (Wd) \tag{7.8}$$

で与えられる。したがって，式 (7.6) で与えられるホール電圧 V_H は，式 (7.7), (7.8) を使って

$$\begin{aligned} V_H &= E_y W \\ &= B_z v_x W \\ &= \frac{1}{pq} \times \frac{B_z I_x}{d} \end{aligned} \tag{7.9}$$

と表すことができる。式 (7.9) は，半導体に電流 I_x を流し，B_z を印加した際に発生する V_H を測定すれば，半導体に含まれる正孔濃度 p の値を測定できることを示している。

また，**ホール係数** R_H を $R_H = 1/(pq)$ で定義すれば

$$p = \frac{1}{qR_H}$$

となる。

図 7.4 を使った議論では，正孔による電流を仮定してきたが，電子による電流では，正孔のかわりに電子が $-y$ 方向の端面に蓄積される。この結果，正孔と電子による電流では，磁場を印加することにより発生する電界 E_y の向きが逆になる。このため，$R_H > 0$ であれば，電流を運ぶキャリアは正孔であ

り，$R_H < 0$ であれば，キャリアは電子となる．このように，R_H の符号により，電流を担うキャリアの区別が可能となる．

さらに，オームの法則により平板の電気伝導率 σ を測定すれば

$$\mu = \frac{\sigma}{pq}$$

の関係を用いて，μ を計算することができる．このように，磁場を利用して，移動度とキャリア濃度を測定する方法を**ホール効果測定**と呼ぶ．

演 習 問 題

7.1 有効質量を説明し，群速度と電子のエネルギーを使って有効質量を表す式を求めよ．

7.2 ドリフト電流の定義から，電流密度 J と電界 E の関係を求め，その意味を述べよ．

7.3 移動度を説明し，ドルーデの理論を使って移動度を表す式を求めよ．

7.4 半導体の平板（厚さ d，幅 W）に，断面に垂直な方向に正孔電流 I_x を流し，平板に垂直な方向に磁場 B_z を印加したことを想定し，ホール電圧を求めよ．

第8章　半導体材料とバンド構造

われわれの身の周りには，さまざまな半導体材料を使って作られた半導体デバイスが数多くある。第6章において，半導体にはバンドギャップやエネルギーバンドがあり，これらを使うことにより，半導体の電気伝導特性について説明できることを紹介した。本章では，半導体材料を紹介するとともに，半導体のバンド構造についてもう少し詳しく説明する。

8.1 半導体材料

8.1.1 半導体の特長

「半導体は，金属（導体）と絶縁体の間の抵抗率を持つ物質」という半導体の定義があるが，この定義は半導体がさまざまなデバイスに使われている理由を示していない。半導体デバイスやナノ構造に関する基礎研究の観点から述べると，半導体の特長は次の点にある。まず，電圧によって抵抗率を大きく変化させることができる点である。つまり，一瞬のうちに，金属的な抵抗率から絶縁体的な抵抗率（あるいは，その逆）まで変えることができる。次に，「電子」が多いn型層と「正孔」が多いp型層を作り分けることができる点である。また，光の波長に対応するさまざまなバンドギャップエネルギーを持つ半導体材料を人工的に作ることができる。このため，これらの半導体を使うことによって，発光あるいは光吸収に適した光デバイスを設計して，作製することができる。さらに，自然界には存在しない人工的な結晶構造を作製できるので，実際のデバイスに応用できるだけでなく，ナノ構造に関する基礎研究で用いる材料としての魅力もある。次に，以上のような魅力的な特長を持つ半導体について，材料の観点から半導体を紹介しよう。

8.1.2 半導体の種類

ここでは，図 8.1 に示す周期表を見ながら，半導体の種類について紹介しよう。まずは，Ⅳ族の元素から構成される半導体のグループがある。Ⅳ族の元素だけで，希ガスのような安定した電子配置を取ることができる。このグループに属する半導体には，Si，Ge，ダイアモンドなどがある。また，これらの単体の元素からなる半導体だけでなく，SiC などの化合物半導体も存在する。

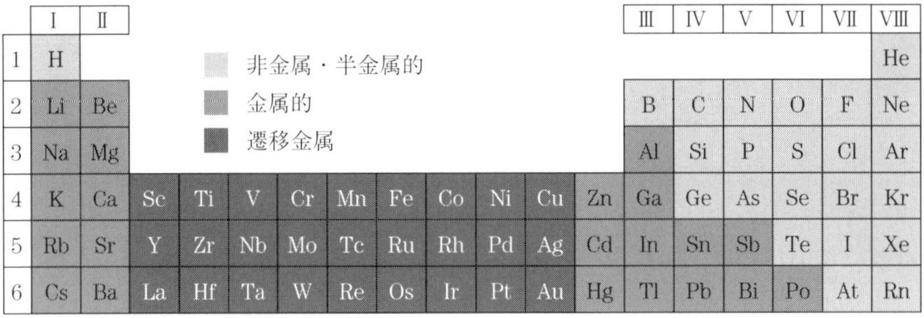

	Ⅰ	Ⅱ										Ⅲ	Ⅳ	Ⅴ	Ⅵ	Ⅶ	Ⅷ
1	H		非金属・半金属的														He
2	Li	Be	金属的									B	C	N	O	F	Ne
3	Na	Mg	遷移金属									Al	Si	P	S	Cl	Ar
4	K	Ca	Sc	Ti	V	Cr	Mn	Fe	Co	Ni	Cu	Zn	Ga	Ge	As	Se	Br	Kr
5	Rb	Sr	Y	Zr	Nb	Mo	Tc	Ru	Rh	Pd	Ag	Cd	In	Sn	Sb	Te	I	Xe
6	Cs	Ba	La	Hf	Ta	W	Re	Os	Ir	Pt	Au	Hg	Tl	Pb	Bi	Po	At	Rn

図 8.1　周期表の一部

次に，Ⅲ族とⅤ族の元素から構成されるⅢ-Ⅴ族化合物半導体がある。Ⅲ族とⅤ族の元素が結び付くことによって，希ガスのような安定した電子配置を取ることができる。このグループに属する半導体には，GaAs，InP などがある。そして，このⅢ-Ⅴ族化合物半導体に属していて，Ⅴ族元素が窒素原子である半導体は，特に，（Ⅲ族）窒化物半導体と呼ばれており，GaN や InN などがある。同様に，Ⅱ族とⅥ族の元素から構成されるⅡ-Ⅵ族化合物半導体があり，ZnSe や CdTe が例としてあげられる。

8.1.3 半導体混晶

8.1.2 項で述べた個々の半導体は，それぞれに固有なバンドギャップエネルギーを持っている。例えば，GaAs のバンドギャップエネルギーは 300 K において 1.42 eV であり，InAs の 300 K におけるバンドギャップエネルギーは 0.35 eV である。これに対して，光を放出する発光デバイスでは，発光デバイスの用途によって，半導体のバンドギャップエネルギーを連続的に変化させな

けばならない．このように，実際の発光デバイスを作製する際には，バンドギャップエネルギーを自由に制御する必要がある．この要求を実現するのが，**半導体混晶**である．

半導体混晶とは，2種類以上の異なる半導体からできる固溶体であり，ミクロのレベルで均一な結晶である．したがって，ただ単に2種類以上の物質を混ぜることで作られる混合物とは異なる点に注意してほしい．例えば，AlAsとGaAsが2:8の割合で含まれる混晶は，$Al_{0.2}Ga_{0.8}As$と記述できる．この混晶の場合は，三つの元素から構成されているので，三元混晶と呼ばれている．ほかにも，四元混晶である$In_xGa_{1-x}As_yP_{1-y}$では，xとyの値を変化させることにより，さまざまな特性を発揮させることができる．さらに，五元混晶の$In_xAl_yGa_{1-x-y}As_zP_{1-z}$などが実際に使われている．なお，各元素の組成比が重要でない場合は，AlGaAsやInGaAsPなどのように表記する場合もある．

8.1.4 ベガード則

ベガード則とは，「物質Aの組成がx，物質Bの組成が$(1-x)$で構成された混晶A_xB_{1-x}の特性は，物質Aおよび物質Bの特性が比例配分される」という法則である．この法則により，混晶の特性を予想できる．さらに，バンドギャップエネルギーをはじめとして，さまざまな特性を持つ半導体材料の設計が可能となる．ただし，実際の混晶の中には，このベガード則に従わない半導体材料もあることに注意してほしい．

8.2 半導体デバイスへの応用

8.1節で紹介したように，世の中には数多くの半導体がある．そこで，まず，半導体物性と半導体デバイスの関連について紹介し，半導体デバイスを作製するときに，どのような特性を持つ半導体を使えばよいのかについて述べる．そして，個々の半導体デバイスについての詳細は第12章，および第13章に紹介することにして，各半導体デバイスに使われる半導体材料をまとめておこう．

なお，本書で紹介する電子デバイスとは，トランジスタなどの電子や正孔を使ったデバイスを指している．したがって，本書の電子デバイスには，光が関係する発光デバイスや受光デバイスは含まないものとする．

8.2.1 半導体物性と半導体デバイスの関連

まず，半導体のバンドギャップエネルギー E_g は，デバイス特性に大きな影響を及ぼすことを紹介しよう．

光デバイスに用いられる半導体の E_g は

$$E_g = \frac{hc}{\lambda} \quad (ただし，h：プランク定数，c：光速，\lambda：波長)$$

の関係を満たすので，E_g は光の波長 λ を決定することになる．実際には，「ある特定の波長を使う光デバイスを作製してほしい」という要求に対して，上式で求めた E_g を持つ半導体材料を使って光デバイスを作製することになる．この場合，ベガード則を使って半導体混晶における元素の組成比を計算することにより，該当する半導体混晶を設計する．

一方で，トランジスタなどの電子デバイスであれば，E_g はトランジスタが動作する際の最大電圧を決定する．E_g の大きな半導体を使えば，この動作時の最大電圧を大きくすることができる．トランジスタの出力は，動作時の電流と電圧の積に比例するので，E_g の大きな半導体を使ってトランジスタを作製すれば，トランジスタの出力を大きくすることができる．

次に，発光デバイスにとっては，半導体のバンド構造が重要である．直接遷移型半導体を使った発光デバイスでは，電気エネルギーを効率よく光エネルギーに変換できる．したがって，高い変換効率を持つ発光デバイスを作製するためには，6.5.2項で述べた直接遷移型半導体を用いることが望ましい．

また，トランジスタなどの電子デバイスにとっては，キャリアの移動度や飽和速度が重要である．これらは，トランジスタなどの動作速度や動作周波数を決定する．このため，移動度や飽和速度が大きな半導体材料は，高速あるいは高周波用トランジスタに用いられる．また，移動度の大きな半導体材料を使う

と，トランジスタの増幅率を高くすることができる．

8.2.2 発光デバイスに使われる半導体材料

発光デバイスとは，pn 接合に電流を流すことにより，電子と正孔を半導体内で再結合させて，フォトン（光子）を発生させるデバイスである．このように，発光デバイスは電気エネルギーを光エネルギーに変換するデバイスであり，**発光ダイオード**（Light Emitting Diode：LED）と**レーザーダイオード**（Laser Diode：LD）などがある．

まず，LED は，発光波長によって用途が異なる．例えば，LED ディスプレイを作製するためには，三原色（赤，緑，青）の可視光 LED が必要となる．現在のところ，赤の LED は AlInGaP を，青や緑の LED は InGaN を用いて作製されている．このように，発光色によって半導体材料が異なるので，三原色の可視光 LED の集積化が困難であるという課題がある．また，Hg を使用している蛍光灯のかわりに使われる照明用の白色 LED は，InGaN や AlGaN などを用いて作製されている．テレビのリモコンなどに使われる赤外線 LED は InGaAs を，殺菌などに利用される紫外線 LED は AlGaN を用いて作製されている．

次に，LD が発生するレーザー光とは，第 13 章で説明するように，周波数と位相が揃っている光である．光ファイバにおいて低損失な波長領域である 1.5 μm 帯の LD は，InGaAsP を用いて作製されており，通信用途として使用されている．高記録密度 DVD などの記録媒体用の短波長 LD は，InGaN を用いて作製されている．一方で，長波長 LD は，画像センサやガスセンサなどとして利用されており，InGaAsP や InGaSb などを用いて作製されている．

以上のように，発光デバイスにおいては，使用する波長によって，多くの種類の半導体材料が使われている．

8.2.3 受光デバイスに使われる半導体材料

pn 接合にフォトン（光子）を照射して，電圧を発生させるデバイスを受光デバイスと呼ぶ．8.2.2 項で紹介した発光デバイスとは逆の原理で動作し，受

光デバイスは光エネルギーを電気エネルギーに変換する。ただし、発光デバイスとは異なり、受光デバイスにおいては、直接遷移型半導体だけでなく、間接遷移型半導体も使うことができる。

太陽電池は、太陽光から電気エネルギーを発生させる受光デバイスであり、SiやGaAsなどを用いて作製されている。また、フォトダイオードは光の強度を測定する受光デバイスであり、光の波長によってSiやInGaAsなどを用いて作製されている。

8.2.4 トランジスタに使われる半導体材料

トランジスタは三つの端子を持った電子デバイスであり、増幅回路やスイッチへの応用が可能である。トランジスタの代表例としては、**電界効果トランジスタ**と**バイポーラトランジスタ**があげられる。論理回路やメモリなどのコンピュータ用途のトランジスタは、主にSiを用いた電界効果トランジスタが使われている。Si結晶の品質がよいこと、トランジスタを集積化しやすいこと、作製したトランジスタが安いことなどが主な理由である。また、通信などの高周波領域で利用されるトランジスタは、移動度の大きなGaAsやInGaAsを用いて作製されている。一方で、周波数は低いが、高い出力を必要とする**パワーエレクトロニクス**用のトランジスタはSiを用いて作製されている。ただし、このSiを用いたトランジスタでは、さらなる高出力化が難しいというのが現在の課題である。このため、バンドギャップエネルギー E_g の大きなSiCやGaNを使うことにより、高出力で動作させてもエネルギー消費量が少ないトランジスタの研究開発が行われている。これらの半導体を電気自動車や大きな電力を必要とする家電製品に使えば、大きな省エネルギー効果が期待できる。

8.3　E-k 分散関係における電子の遷移

本節では、受光デバイスを念頭において、6.5節で説明した半導体中の光吸収について、もう少し詳しく説明しよう。

8. 半導体材料とバンド構造

1次元半導体の E-k 分散関係と価電子帯に存在する電子が伝導帯に遷移する様子を，**図 8.2** に示す。図では，E_g 付近のエネルギーを持つフォトンを半導体に照射した場合を想定し，価電子帯の頂上にある電子が遷移する様子を点線の矢印で示した。そして，直接遷移型半導体と間接遷移型半導体では，電子の遷移の過程が異なっていることを示している。本節では，E_g 付近のエネルギーを持つフォトンによる電子の遷移について説明しよう。

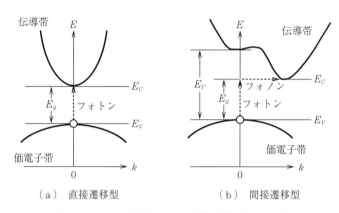

図 8.2　1次元半導体の E-k 分散関係と電子の遷移

8.3.1　フォトンによる電子の遷移

半導体に光を照射して半導体に光が吸収されると，**フォトン**（光子）のエネルギーを受け取って価電子帯の電子が伝導帯に遷移する。この際，フォトンと電子の相互作用が起こり，電子はフォトンのエネルギー E だけでなく，フォトンの波数 k も受け取ることになる。

ここで，GaAs の格子定数は $a = 0.565$ nm なので，第1ブリルアンゾーン端の波数は $k \sim 2\pi/a = 1.1 \times 10^8$ cm^{-1} 程度である。一方で，光の波長が $\lambda = 500$ nm の場合は $k = 2\pi/\lambda = 1.3 \times 10^5$ cm^{-1} となる。このように，半導体の光吸収を考える際には，フォトンの波数はブリルアンゾーン端の波数よりもかなり小さくなる。したがって，図 8.2（a）で示したような E-k 分散関係において，フォトンによる電子の遷移を考える際は，価電子帯における電子の波

数と伝導帯に遷移した後の電子の波数の差は $\Delta k \fallingdotseq 0$ と考えてよい。つまり，価電子帯の電子がフォトンのエネルギーを吸収して伝導帯に遷移する際には，E-k 分散関係において y 軸にほぼ平行な方向に遷移し，斜め方向の遷移とはならない。そして，矢印の線の長さは，照射した光のエネルギー $\hbar \omega$ に対応している。このようなフォトンによる電子の遷移過程の様子を，図 8.2（a）の直接遷移型半導体の E-k 分散関係で示している。

8.3.2 フォノンによる電子の遷移

第 4 章で説明したように，**フォノン**は格子の振動エネルギーを量子化した準粒子であり，TA，LA，TO，LO フォノンの 4 種類のフォノンが存在する。図 4.6 で示したように，これらの四つのフォノンでは，E-k 分散関係が異なる。また，GaAs 内に存在するフォノンのエネルギーは $E = \hbar \omega = h\nu < 0.04$ eV である。これに対して，300 K における GaAs のバンドギャップエネルギーは $E_g = 1.42$ eV であるので，一つのフォノンのエネルギーは E_g に対してかなり小さい。ほかにも，300 K における E_g が 3.43 eV の GaN に対しては，その LO フォノンのエネルギーは 0.07～0.1 eV である。このように，一般に，一つのフォノンのエネルギーは，半導体のバンドギャップエネルギー E_g に対してかなり小さいことがわかる。

以上のことから，一つのフォノンと相互作用して遷移する電子に対しては，電子の遷移の前後でのエネルギー差は $\Delta E \fallingdotseq 0$ となる。これに対して，図 4.6 で示したように，フォノンの波数 k はブリルアンゾーンの原点からブリルアンゾーン端まで広範囲に変化することができる。したがって，フォノンによる電子の遷移では，図 8.2（b）で示したような E-k 分散関係において，電子は x 軸にほぼ平行な方向に遷移することになる。

8.3.3 直接遷移型半導体と間接遷移型半導体における電子遷移過程の違い

第 6 章において，直接遷移型半導体と間接遷移型半導体に対する光吸収過程が異なることを紹介した。この理由は，それぞれの半導体における E-k 分散

関係が異なることによる。ここでは，図8.2を使って，E-k分散関係の違いによる電子の遷移過程が異なることを説明しよう。

まず，図8.2で示したように，価電子帯の頂上E_vは，直接遷移型半導体や間接遷移型半導体にかかわらず，つねにブリルアンゾーンの原点$k = 0$に存在する。これに対して，直接遷移型半導体と間接遷移型半導体では，伝導帯の底E_c付近のE-k分散関係が異なる。

直接遷移型半導体では，図8.2（a）で示したように，E_cが$k = 0$（Γ点）に存在する。このため，E_g付近のエネルギーを持つフォトンを照射した場合には，フォトンのエネルギーを得た価電子帯の電子は，図8.2（a）における点線の矢印で示したように，y軸にほぼ平行に伝導帯に遷移することができる。この場合，矢印の線の長さがフォトンのエネルギー$\hbar\omega$に対応している。このように，半導体はフォトンをそのまま吸収することができるので，$\hbar\omega \geq E_g$で強い光吸収が起こる。

直接遷移型半導体と同様に，**間接遷移型半導体**においてもE_g付近のエネルギーを持つ光を吸収する。しかしながら，フォトンによる電子の遷移では$\Delta k ≒ 0$でなければならない。E_rを$k = 0$での価電子帯と伝導帯の間のエネルギーとすると，$E_g < E_r$である。したがって，E_g付近のエネルギーを持つ光では，$k = 0$に存在する価電子帯の電子を$k = 0$の伝導帯まで遷移させることができない。このように，間接遷移型半導体では，E_g付近のエネルギーを持つフォトンで電子を遷移させるためには，kを大きく変化させなければならないことになる。このkを大きく変化させるのがフォノンの役割である。つまり，間接遷移型半導体において，E_g付近のエネルギーを持つフォトンを吸収して価電子帯から伝導帯へ電子を遷移させる際には，Eを大きく変化させるフォトンと，kを大きく変化させるフォノンの二つが必要になる。このように，少し複雑な遷移プロセスになるので，6.5.3項で述べたように，E_g付近での光吸収は弱くなる。このような電子の遷移過程の様子を，図8.2（b）の間接遷移型半導体のE-k分散関係で示している。これに対して，フォトンのエネルギーがE_rよりも大きくなると，$k = 0$の価電子帯の電子が$k = 0$付近の伝導帯へ直接遷

移できるようになるので，フォノンの関与が必要でなくなる。この結果，フォトンだけで電子の遷移が可能になるので，直接遷移型半導体と同様に光を吸収しやすくなる。以上のことから，間接遷移型半導体においては，2段階の光吸収過程が存在することになる。

8.4　実際の半導体における E-k 分散関係

8.4.1　3次元結晶におけるブリルアンゾーン端の名称

図 8.2 に 1 次元半導体の E-k 分散関係を示したが，実際の半導体は 3 次元の結晶であるから，逆格子空間内での方向によって E-k 分散関係が異なる。本項で紹介する Si，Ge，GaAs などの結晶の第 1 ブリルアンゾーンは，**図 8.3**に示すような切頂八面体である。そして，k の原点 (0, 0, 0) を Γ 点，(1, 0, 0) 方向の**ブリルアンゾーン端**を X 点，(1, 1, 1) 方向のブリルアンゾーン端を L 点と呼ぶ。a を格子定数とすると，図 8.3 に示すように，X 点は $2\pi/a$ (1, 0, 0)，L 点は $2\pi/a$ (1/2, 1/2, 1/2) である。

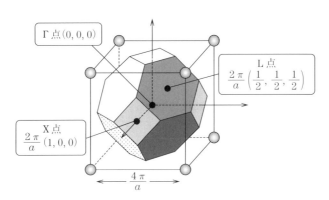

図 8.3　Si，Ge，GaAs などの結晶の第 1 ブリルアンゾーン

8.4.2　実際の直接遷移型半導体における E-k 分散関係とフェルミ面

直接遷移型半導体の一つである GaAs においては，**図 8.4** に示すように，

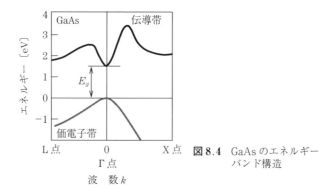

図 8.4 GaAs のエネルギーバンド構造

E-k 分散関係における E_c の位置は Γ 点にある。また，図 8.5（a）に示すように，この E_c 付近での等エネルギー面は原点を中心とする球面を形成する。これは，図 5.5 に示したように，3 次元の自由電子モデルで得られたフェルミ面と同じ形をしている。

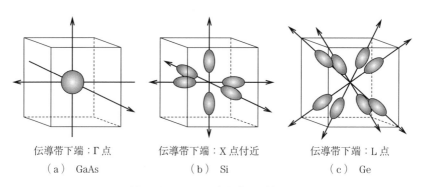

(a) GaAs 伝導帯下端：Γ 点
(b) Si 伝導帯下端：X 点付近
(c) Ge 伝導帯下端：L 点

図 8.5 逆格子空間における各半導体の等エネルギー面

8.4.3 実際の間接遷移型半導体における E-k 分散関係とフェルミ面

Si は間接遷移型半導体の一つであり，その E-k 分散関係を図 8.6 に示す。E-k 分散関係における E_c の位置は X 点方向にあり，Γ 点と X 点を結ぶベクトルを $\bm{k}_X$ とすれば，Γ 点から $0.85\,\bm{k}_X$ の位置に E_c が存在する。また，図 8.5（b）に示したように，E_c 付近での等エネルギー面は X 点である (1, 0, 0)

8.4 実際の半導体における E-k 分散関係　　101

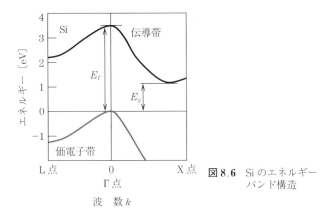

図 8.6　Si のエネルギーバンド構造

方向に等価な六つの回転楕円面を形成している。

Ge も間接遷移型半導体の一つであり，その E-k 分散関係を図 8.7 に示す。Ge の E_c の位置は L 点にある。また，図 8.5（c）に示したように，E_c 付近での等エネルギー面は L 点に回転楕円面を形成している。ここで，E_c は L 点上にあるので，一つの E_c を隣のブリルアンゾーンと共有している。したがって，図 8.5（c）では，Ge の E_c は八つ存在するように描いているが，一つのブリルアンゾーンに属する等エネルギー面は，その 1/2 の四つになることに注意してほしい。

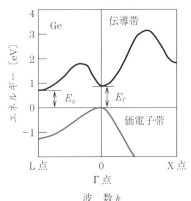

図 8.7　Ge のエネルギーバンド構造

演 習 問 題

8.1 半導体材料が多くのデバイスなどに使われている理由を踏まえ，半導体の特長を述べよ．

8.2 ベガード則を説明せよ．そして，青色LEDに用いるInGaN層におけるIn組成を求めよ．ただし，InNおよびGaNのE_gは，それぞれ，0.7 eVと3.4 eVであるとする．また，青色の光の波長は480 nmであり，InGaN混晶はベガード則に従うと仮定する．

8.3 半導体のバンドギャップエネルギーが，半導体デバイスの特性に及ぼす影響を説明せよ．

8.4 Si結晶の第1ブリルアンゾーンの形状を述べ，Γ点，X点，L点について説明せよ．

8.5 Si，Ge，GaAsの各半導体に対して，伝導帯の底E_cの位置を示せ．そして，各半導体に対して，E_c付近における等エネルギー面の性質について説明せよ．

第9章 半導体中のキャリア濃度

伝導帯の電子や価電子帯の正孔は自由に動くことができるため，両者を合わせて**キャリア**と呼んでいる。本章では，初めに，半導体の状態密度とボルツマン分布を使って，不純物を含まない真性半導体中のキャリア濃度を計算し，その後で，真性半導体に不純物を混ぜる不純物ドーピングについて説明する。そして，この不純物ドーピングを行った場合に，半導体中のキャリア濃度やフェルミ準位の位置がどのように変化するかについて紹介する。

9.1 ボルツマン分布での近似

第5章で説明したように，フェルミ粒子である電子はフェルミ–ディラック分布（フェルミ分布）に従う。しかしながら，フェルミ分布関数は少々複雑な形をしているので，この関数を使った計算は難しい。したがって，フェルミ分布関数を計算しやすい分布関数に近似して半導体中のキャリア濃度を計算しよう。

この**フェルミ分布関数**は，式 (5.16) で示したように，$1/\{\exp[(E-E_F)/(k_BT)]+1\}$ である。これに対して，**ボルツマン分布関数**は $\exp[-(E-E_F)/(k_BT)]$ で表すことができる。**図 9.1** は，フェルミ分布関数とボルツマン分布関数の比較を示している。

図からもわかるように，$E-E_F > 3k_BT$ ではフェルミ分布関数とボルツマン分布関数がほぼ等しくなる。これは，式 (5.16) において $E-E_F > 3k_BT$ では $\exp[(E-E_F)/(k_BT)] \gg 1$ となるので，電子の分布はボルツマン分布で近似できることを示している。この後の議論では，電子のエネルギー E がフェルミエネルギー E_F よりも十分に大きい場合のキャリア濃度を取り扱う。したがって，フェルミ分布関数をボルツマン分布関数で置き換えて，伝導帯にお

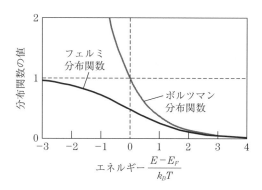

図 9.1 フェルミ分布関数とボルツマン分布関数

ける電子濃度や価電子帯における正孔濃度を計算することが可能となる。

9.2 真性半導体の伝導帯における電子濃度

真性半導体とは，不純物が入っていない純粋な半導体のことである。まずは，この真性半導体に含まれるキャリア濃度を計算する。計算を行う際の条件として，Γ点に伝導帯の底 E_c がある直接遷移型半導体を想定し，フェルミ準位 E_F は禁制帯中に存在するものとする。

9.2.1 伝導帯における電子のエネルギーと状態密度

式 (5.4) で示したように，自由電子モデルを用いると $E = \hbar^2 k_x^2/(2m)$ が成り立つ。この式において，電子の質量 m を有効質量 m_e に入れ替え，伝導帯の底のエネルギーを E_c とすれば，伝導帯における電子のエネルギーは，波数 k を用いて式 (9.1) で与えられる。

$$E = E_c + \frac{\hbar^2}{2m_e}k^2 \tag{9.1}$$

エネルギー E の電子の状態密度 $D_e(E)$ は，式 (5.15) において，有効質量 m_e を用いて，電子に対するエネルギーの原点を E_c に変更することによって

9.2 真性半導体の伝導帯における電子濃度

$$D_e(E) = \frac{1}{2\pi^2}\left(\frac{2\,m_e}{\hbar^2}\right)^{3/2}(E-E_C)^{1/2} \quad (\text{ただし、} E \geqq E_C) \tag{9.2}$$

が得られる。

9.2.2 伝導帯における電子濃度

図 9.2 に示すように、伝導帯における電子濃度 n は、式 (5.17) に式 (9.2) の $D_e(E)$ と式 (5.16) のフェルミ分布関数 $f_e(E)$ を代入して

$$\begin{aligned}n &= \int_{E_c}^{\infty} n(E)dE = \int_{E_c}^{\infty} D_e(E)f_e(E)dE \\ &= \frac{1}{2\pi^2}\left(\frac{2\,m_e}{\hbar^2}\right)^{3/2}\int_{E_c}^{\infty}\frac{(E-E_C)^{1/2}}{\exp\left[(E-E_F)/(k_BT)\right]+1}\,dE\end{aligned} \tag{9.3}$$

と表すことができる。この式 (9.3) での積分範囲では、$E - E_F > 3\,k_BT$ が成り立つので、電子のフェルミ分布関数 $f_e(E)$ はボルツマン分布関数で近似できる。このことを数式で示すと

$$f_e(E) = \frac{1}{\exp\left[(E-E_F)/(k_BT)\right]+1} \fallingdotseq \exp\left(-\frac{E-E_F}{k_BT}\right) \tag{9.4}$$

となる。

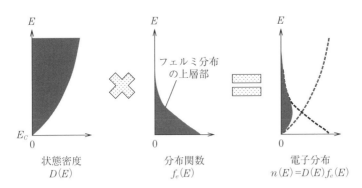

図 9.2　真性半導体における伝導帯の電子分布

式 (9.3) に式 (9.4) を代入することにより、電子濃度 n は

$$n \fallingdotseq \frac{1}{2\pi^2}\left(\frac{2\,m_e}{\hbar^2}\right)^{3/2}\int_{E_c}^{\infty}(E-E_C)^{1/2}\exp\left(-\frac{E-E_F}{k_BT}\right)dE$$

で近似できる。この式は，置換積分，部分積分，ガウス積分を使って計算することができ

$$n = 2\left(\frac{m_e k_B T}{2\pi\hbar^2}\right)^{3/2} \exp\left(\frac{E_F - E_C}{k_B T}\right) \tag{9.5}$$

を得ることができる。

ここで

$$N_C = 2\left(\frac{m_e k_B T}{2\pi\hbar^2}\right)^{3/2} \tag{9.6}$$

とおくと，この N_C は伝導帯の**有効状態密度**と呼ばれる。また，電子の分布関数 $f_e(E)$ はボルツマン分布関数で近似できるので，式 (9.4) において $E = E_C$ とおくと

$$f_e(E_C) \fallingdotseq \exp\left(\frac{E_F - E_C}{k_B T}\right) \tag{9.7}$$

が成り立つ。式 (9.6) の N_C と式 (9.7) の $f_e(E_C)$ を用いると，式 (9.5) で与えられる電子濃度 n は

$$n = N_C \exp\left(\frac{E_F - E_C}{k_B T}\right) = N_C f_e(E_C) \tag{9.8}$$

と変形できる。このため，式 (9.8) は，「伝導帯に存在する電子濃度 n は，伝導帯の有効状態密度 N_C と伝導帯の底 E_C における電子の占有確率の積で表すことができる」ことを示している。なお，式 (9.8) は，真性半導体だけではなく，不純物をドーピングした半導体でも成立する。

9.3 真性半導体の価電子帯における正孔濃度

9.2 節では，伝導帯に存在する電子濃度を計算したが，同様な方法で価電子帯の正孔濃度を計算しよう。ここで，E-k 分散関係におけるエネルギー E は電子に対するポテンシャルエネルギーを示しているので，電子は E の低い状態を占有しやすい。これに対して，正孔は電子とは逆の符号の正の電荷を持つ粒子であるので，E-k 分散関係において，正孔は E の高い状態のほうが安定

である。このように，正孔は E-k 分散関係における E の高い状態を占有しやすいことに注意してほしい。

9.3.1 価電子帯における正孔のエネルギーと状態密度

正孔は，電子とは逆の正の電荷を持つ粒子であることを考慮する必要がある。このことを考慮して，価電子帯の頂上のエネルギー E_V と正孔の有効質量 m_h を用いることにより，正孔のエネルギー E は

$$E = E_V - \frac{\hbar^2}{2\,m_h}\,k^2 \tag{9.9}$$

で表すことができる。また，正孔が E の高い状態から占有されることを考慮すると，エネルギー E の正孔の状態密度 $D_h(E)$ は

$$D_h(E) = \frac{1}{2\,\pi^2}\left(\frac{2\,m_h}{\hbar^2}\right)^{3/2}(E_V - E)^{1/2} \quad (\text{ただし，}E \leqq E_V) \tag{9.10}$$

となる。

ここで，正孔の分布関数 $f_h(E)$ とは，エネルギー E を持つ正孔の占有確率である。そして，正孔が電子の空きであることを考慮すると，式 (9.11) のように表すことができる。

$$\begin{aligned} f_h(E) &= 1 - f_e(E) \\ &= 1 - \frac{1}{\exp\left[(E - E_F)/(k_BT)\right] + 1} \\ &= \frac{\exp\left[(E - E_F)/(k_BT)\right]}{\exp\left[(E - E_F)/(k_BT)\right] + 1} \end{aligned} \tag{9.11}$$

また，価電子帯の正孔に対しては $E - E_F < -3\,k_BT$ が成り立つ。この場合，電子のフェルミ分布をボルツマン分布で近似したように，$\exp[-(E - E_F)/(k_BT)] \gg 1$ なので，式 (9.11) における $f_h(E)$ の分母は 1 に近似できる。したがって，正孔の分布関数 $f_h(E)$ として

$$f_h(E) \fallingdotseq \exp\left(\frac{E - E_F}{k_BT}\right) \tag{9.12}$$

が得られる。

9.3.2 価電子帯における正孔濃度

9.3.1項での議論により，真性半導体における正孔の分布は図 9.3のようになる。

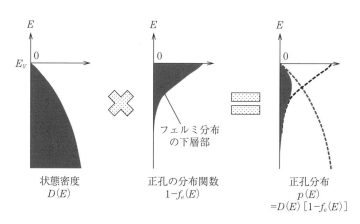

図 9.3　真性半導体における価電子帯の正孔分布

そこで，伝導帯に存在する電子の場合と同様に，価電子帯に存在する正孔濃度は，式 (9.10)，(9.12) を用いて

$$p = \int_{-\infty}^{E_V} p(E) dE = \int_{-\infty}^{E_V} D_h(E) f_h(E) dE$$

$$= \frac{1}{2\pi^2} \left(\frac{2 m_h}{\hbar^2} \right)^{3/2} \int_{-\infty}^{E_V} (E_V - E)^{1/2} \frac{\exp\left[(E - E_F)/(k_B T)\right]}{\exp\left[(E - E_F)/(k_B T)\right] + 1} dE$$

$$\fallingdotseq \frac{1}{2\pi^2} \left(\frac{2 m_h}{\hbar^2} \right)^{3/2} \int_{-\infty}^{E_V} (E_V - E)^{1/2} \exp\left(\frac{E - E_F}{k_B T} \right) dE$$

となる。電子濃度の場合と同様に，この式は，置換積分，部分積分，ガウス積分を使って計算することができ

$$p = 2 \left(\frac{m_h k_B T}{2\pi \hbar^2} \right)^{3/2} \exp\left(\frac{E_V - E_F}{k_B T} \right) \tag{9.13}$$

が得られる。ここで，伝導帯の電子の場合と同様に

$$N_V = 2 \left(\frac{m_h k_B T}{2\pi \hbar^2} \right)^{3/2} \tag{9.14}$$

とすると，この N_V は価電子帯の有効状態密度と呼ばれる。また，式 (9.12)

で示した近似した正孔の分布関数 $f_h(E_V)$ を使って

$$f_h(E_V) \fallingdotseq \exp\left(\frac{E_V - E_F}{k_B T}\right) \tag{9.15}$$

が得られる。式 (9.14) の N_V と式 (9.15) の $f_h(E_V)$ を用いて，式 (9.13) で示した正孔濃度 p は

$$p = N_V \exp\left(\frac{E_V - E_F}{k_B T}\right) = N_V f_h(E_V) \tag{9.16}$$

で与えられる。電子の場合と同様に，式 (9.16) は，「半導体の価電子帯に存在する正孔濃度 p は，価電子帯の有効状態密度 N_V と価電子帯の頂上 E_V における正孔の占有確率の積で表すことができる」ことを示している。また，式 (9.16) は，真性半導体だけではなく，不純物をドーピングした半導体でも成立する。

9.4 真性半導体の性質

9.4.1 np 積

9.3 節で求めた電子濃度 n と正孔濃度 p を使って **np 積**を計算してみよう。式 (9.8)，(9.16) を用いて

$$np = N_C \exp\left(\frac{E_F - E_C}{k_B T}\right) \times N_V \exp\left(\frac{E_V - E_F}{k_B T}\right)$$

$$= N_C N_V \exp\left(\frac{E_V - E_C}{k_B T}\right) \tag{9.17}$$

を得ることができる。ここで，$E_V - E_C = -E_g$ であるので，式 (9.17) で示した np 積は半導体の物性定数だけで記述することができる。したがって，温度が一定の場合は np 積は一定である。また，式 (9.17) は E_F を含まないので，真性半導体だけではなく，不純物をドーピングした半導体でも成立する。

なお，化学の分野では，水溶液中の水素イオン濃度 $[H^+]$ と水酸イオン濃度 $[OH^-]$ の間には，$[H^+] \times [OH^-] = 10^{-14}$ $[mol/L]^2$ の関係がある。つまり，$[H^+]$ と $[OH^-]$ の積は一定である。このことは，半導体中で np 積が一定であることと似た考え方である。そして，中性の場合には，$[H^+] =$

[OH$^-$] = 10^{-7} [mol/L] となるので，水素イオンの濃度を表す pH は，pH = $-\log$ [H$^+$] = 7 となる．このことも，9.4.2 項で紹介するように，真性半導体においては $n = p$ の関係があるので，真性半導体における n と p の値を求めることができることにも似ている．

9.4.2 真性半導体中のキャリア濃度

伝導帯から励起した電子の空きが正孔であることを考えると，真性半導体では，$n = p$ が成り立つ．このため，真性半導体中の電子濃度と正孔濃度を，それぞれ，n_i と p_i で表すことにすれば，式 (9.17) の np 積，式 (9.6) の N_C と式 (9.14) の N_V を使って

$$n_i = p_i = 2\left(\frac{k_B T}{2\pi\hbar^2}\right)^{3/2} (m_e m_h)^{3/4} \exp\left(-\frac{E_g}{2 k_B T}\right) \tag{9.18}$$

となる．式 (9.18) は，「E_g が大きくなればなるほど，価電子帯の電子が伝導帯に励起されにくくなる」ことを示している．したがって，E_g が大きな真性半導体では，伝導帯の電子濃度および価電子帯の正孔濃度がきわめて少なくなるので，半導体ではなく，絶縁体として振る舞うことになる．

9.4.3 真性半導体のフェルミ準位

真性半導体では $n_i = p_i$ なので，式 (9.8) の n と式 (9.16) の p が等しくなり

$$N_C \exp\left(\frac{E_F - E_C}{k_B T}\right) = N_V \exp\left(\frac{E_V - E_F}{k_B T}\right)$$

が成り立つ．この式を変形して E_F を求め，さらに，式 (9.6) の N_C と式 (9.14) の N_V を用いることにより

$$\begin{aligned} E_F &= \frac{E_C + E_V}{2} + \frac{1}{2} k_B T \ln\left(\frac{N_V}{N_C}\right) \\ &= \frac{E_C + E_V}{2} + \frac{3}{4} k_B T \ln\left(\frac{m_h}{m_e}\right) \end{aligned} \tag{9.19}$$

が得られる．

GaAs や InP などの半導体では，電子の有効質量 m_e は正孔の有効質量 m_h

よりも小さい．しかしながら，われわれの生活している温度（室温）である $T = 300\,\mathrm{K}$ 付近においては，$m_h/m_e = 10$ の場合であっても，式 (9.19) における右辺の第2項は $60\,\mathrm{meV}$ 程度である．実際のデバイスで利用される半導体のバンドギャップエネルギー E_g は，この値よりも一桁程度大きいので，式 (9.19) における右辺の第2項は無視することができる．したがって，$E_F \fallingdotseq (E_C + E_V)/2$ となるので，**フェルミ準位** E_F は禁制帯の中央付近に存在することになる．なお，$m_h = m_e$ の場合は，$E_F = (E_C + E_V)/2$ となるので，フェルミ準位 E_F は禁制帯の中央に存在することになる．真性半導体のフェルミ準位とキャリア分布を図 9.4 に示す．今までの議論で説明したように，図 9.4 は，伝導帯の電子濃度と価電子帯の正孔濃度が等しく，フェルミ準位 E_F が禁制帯の中央付近に存在していることを示している．

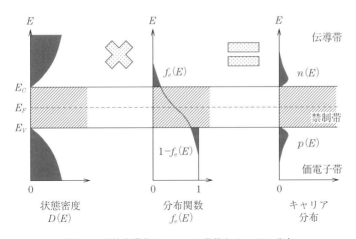

図 9.4 真性半導体のフェルミ準位とキャリア分布

9.4.4 真性半導体のフェルミ準位と n および p の関係

真性半導体のフェルミ準位を E_i とすると，式 (9.8) において，n を n_i に，E_F を E_i に入れ替えることにより

$$n_i = N_C \exp\left(\frac{E_i - E_C}{k_B T}\right)$$

が得られる。この式は

$$N_C = n_i \exp\left(-\frac{E_i - E_C}{k_B T}\right) \tag{9.20}$$

の形に変形できる。ここで，式 (9.8) における N_C に式 (9.20) を代入することにより，式 (9.8) における電子濃度 n は

$$n = N_C \exp\left(\frac{E_F - E_C}{k_B T}\right) = n_i \exp\left(\frac{E_F - E_i}{k_B T}\right) \tag{9.21}$$

と表すことができる。式 (9.21) は，「ある半導体のフェルミ準位 E_F が真性半導体のフェルミ準位 E_i よりも大きければ，$n > n_i$ となり，電子が正孔よりも多くなる」ことを示している。このように，電子濃度 n が正孔濃度 p よりも高くなった層を **n 型層**と呼ぶ。式 (9.21) は，第 12 章において，電界効果トランジスタの動作原理を説明するうえで重要な関係式となる。

また，式 (9.21) と同様に，正孔濃度 p は

$$p = p_i \exp\left(\frac{E_i - E_F}{k_B T}\right) \tag{9.22}$$

と表すことができる。式 (9.22) も，「E_F が E_i よりも小さければ，$p > p_i$ となるので，**p 型層**を形成している」ことを示している。

9.5　半導体への不純物ドーピング

不純物ドーピングとは，真性半導体に不純物を少し混ぜることである。以下の項目では，われわれの身の周りにあるデバイスに幅広く使用されている Si 半導体を例に取って，不純物ドーピングした場合の効果を説明しよう。

9.5.1　IV族半導体へのV族元素のドーピング

IV族元素である Si に V族元素である As 原子をドーピングすると，Si 原子の一部が As 原子に置き換わる。このように，IV族元素が V族元素に置き換わると，V族元素の電子が一つ余ることになる。IV族元素が Si で，V族元素が As 原子の場合の例を図 **9.5** に示す。この場合，As 原子が余分な電子を放出

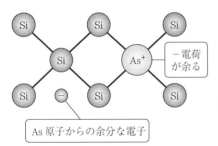

図 9.5　Si 半導体への As 原子の不純物ドーピング

するので，Ⅳ族半導体である Si 中の電子濃度 n が増加する。このようなⅤ族元素である As 原子を**ドナー**と呼ぶ。そして，As 原子を Si 中にドーピングすると，電子が正孔よりも多くなるので，**n 型半導体**が得られる。これに対して，np 積が一定であることから，n 型半導体中の p は減少する。したがって，n 型半導体では，電子は**多数キャリア**と呼ばれ，正孔は**少数キャリア**と呼ばれる。このように，Ⅳ族元素である Si 中のドナーとなる元素はⅤ族元素であればよいので，P 原子もドナーとなる。

9.5.2　Ⅳ族半導体へのⅢ族元素のドーピング

Ⅳ族元素である Si 中にⅢ族元素である Al をドーピングすると，Si 原子の一部が Al 原子に置き換わる。この場合，**図 9.6** に示すように，Al 原子が余分な正孔を放出するので，Ⅳ族半導体である Si 中の正孔濃度 p が増加する。このようなⅢ族元素である Al 原子を**アクセプタ**と呼ぶ。そして，Al 原子を Si 中にドーピングすると，正孔が電子よりも多くなるので，**p 型半導体**が得られ

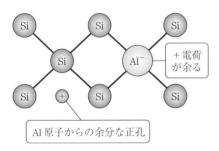

図 9.6　Si 半導体への Al 原子の不純物ドーピング

る。これに対して，np 積が一定なので，p 型半導体中の n は減少する。したがって，p 型半導体では，正孔は多数キャリアと呼ばれ，電子は少数キャリアと呼ばれる。このように，Ⅳ族元素である Si 中のアクセプタとなる元素はⅢ族元素であればよいので，B 原子もアクセプタとなる。

9.6 ドーピングした不純物の活性化エネルギー

半導体に不純物をドーピングすると，電子が存在することのできない禁制帯中にエネルギー準位が形成される。ここで，ドーピングした不純物が半導体中で電子あるいは正孔を放出するエネルギーを**活性化エネルギー**と呼ぶ。この活性化エネルギーを本格的に計算するためには，シュレディンガーの波動方程式を解く必要がある。この節では，半古典論的な量子論である**ボーアの水素原子モデル**を用いて，不純物の活性化エネルギーを計算しよう。

9.6.1 ボーアの水素原子モデル

図 9.7 に示すように，水素原子の周りに電子が周回運動をしている場合を考えよう。電子の速度を v，電子の質量を m，水素原子と電子の距離を r，真空の誘電率を ε_0 とすると，クーロン力と遠心力が等しいので

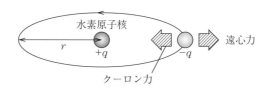

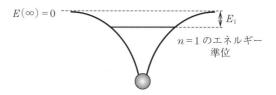

図 9.7 ボーアの水素原子モデル

が成り立つ。また，量子論では，角運動量が量子化されるので

$$mv^2/r = \frac{1}{4\pi\varepsilon_0}\left(\frac{q}{r}\right)^2 \tag{9.23}$$

$$mvr = n\hbar \quad 〔ただし，n は自然数（量子数）〕 \tag{9.24}$$

の関係が成り立たなければならない。

ここで，全エネルギー E は電子の運動エネルギーとクーロンポテンシャルエネルギーの和なので，上記の式 (9.23)，(9.24) を用いることにより，v と r を消去して

$$E = \frac{1}{2}mv^2 - \frac{1}{4\pi\varepsilon_0}\frac{q^2}{r} = -\frac{mq^4}{2(4\pi\varepsilon_0 n\hbar)^2} \tag{9.25}$$

を得ることができる。n は自然数なので，式 (9.25) は離散的なエネルギー準位を形成することを示している。そして，n が大きくなればなるほど，E は 0 に近づく。ここで，$n = 1$ の場合の E の絶対値を E_1 とすると

$$E_1 = \frac{mq^4}{2(4\pi\varepsilon_0\hbar)^2} \tag{9.26}$$

となる。この E_1 は，水素原子に束縛されている電子を無限遠まで持って行くことのできるエネルギーに対応している。したがって，この E_1 のエネルギーを電子に与えれば，電子は水素原子核の束縛から逃れることができる。このようなことから，E_1 は水素原子の活性化エネルギーに対応していることになる。

また，式 (9.23)，(9.24) を用いて，$n = 1$ の場合の r_1 は

$$r_1 = \frac{4\pi\varepsilon_0\hbar^2}{mq^2}$$

で与えられる。この r_1 は**ボーア半径**と呼ばれ，$a_0 (= r_1)$ で表される。

9.6.2 不純物の活性化エネルギー

ドナーの活性化エネルギーは，ドナーが電子を放出してイオン化するエネルギーなので，ドナー原子に束縛されている電子を無限遠まで持って行くことのできるエネルギーに対応する。したがって，式 (9.26) の E_1 において，電子の質量 m を有効質量 m_e に，真空の誘電率 ε_0 を半導体の誘電率 ε_s に置き換え

ることにより

$$E_d = \frac{m_e q^4}{2(4\pi\varepsilon_s\hbar)^2} \tag{9.27}$$

が得られる。この E_d がドナーの活性化エネルギーであり，禁制帯中に形成されたドナー準位から伝導帯の底である E_C までのエネルギーに対応する。

ここで，Si 中のドナーの活性化エネルギーを計算してみよう。Si の誘電率は $\varepsilon_s = 11.7\,\varepsilon_0$，静止した電子の質量を m_0 として，Si 中の電子の有効質量は $m_e = 0.33\,m_0$ である。これらの値を式 (9.27) に代入すると，$E_d = 33\,\mathrm{meV}$ となる。この値は $T = 300\,\mathrm{K}$（室温）における熱エネルギー $k_B T$ と同程度なので，室温において，ドナーに束縛された電子を容易に伝導帯へ励起できることを示している。

式 (9.27) で与えられるドナーの活性化エネルギーと同様に，正孔の有効質量 m_h と ε_s を用いることにより，アクセプタの活性化エネルギー E_a は

$$E_a = \frac{m_h q^4}{2(4\pi\varepsilon_s\hbar)^2} \tag{9.28}$$

で表すことができる。この E_a は，価電子帯の頂上である E_V から禁制帯中に形成されたアクセプタ準位までのエネルギーに対応する。

9.7 不純物をドーピングした半導体のフェルミ準位

通常の状態で使用する半導体デバイスでは，ドーピングした層における不純物濃度は**真性キャリア濃度** n_i よりもきわめて大きい。ここでは，この場合における伝導帯の電子濃度および価電子帯の正孔濃度を考えよう。

9.7.1 n 型半導体中のフェルミ準位

ドナーの活性化エネルギー E_d は式 (9.27) で与えられるので，ドナーのエネルギー準位である**ドナー準位**は，E_C から E_d だけ下方の禁制帯中に形成される。この様子を**図 9.8** に示す。

図において，伝導帯に電子を放出したドナーを**イオン化ドナー**と呼び，電子

9.7 不純物をドーピングした半導体のフェルミ準位　　117

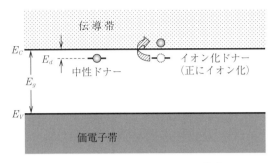

図 9.8　ドナー準位からの電子の放出

を放出していないドナーを**中性ドナー**と呼ぶ．このように不純物ドーピングを行うと，禁制帯中のドナー準位に電子が存在できることになるが，このドナー準位に存在する電子の占有確率もフェルミ分布関数に従うことになる．また，ドナーが放出した伝導帯中の電子は半導体中を自由に動けるので，電流に寄与することができる．これに対して，ドナー準位に捕獲されている電子は，半導体中を自由に動けないので，電流に寄与しないことに注意してほしい．

ドナー濃度 N_d が真性キャリア濃度 n_i よりも高く，ほとんどのドナーがイオン化している場合は，半導体に含まれる電子濃度 n はドナー濃度 N_d にほぼ等しくなるので

$$N_d \fallingdotseq n = N_C \exp\left(\frac{E_F - E_C}{k_B T}\right)$$

となる．この式から

$$E_C - E_F = k_B T \ln\left(\frac{N_C}{N_d}\right)$$

が得られる．通常のドーピング層では $N_C/N_d < 1000$ が成り立つので，室温付近では $E_C - E_F \ll E_g$ が成り立つ．したがって，ドナーをドーピングした半導体のフェルミ準位 E_F は，E_C 付近に存在することになる．つまり，真性半導体の E_F は禁制帯の中央付近に位置するのに対して，ドナーをドーピングすると E_F は E_C 付近に移動する．したがって，**図 9.9** に示すように，ドナーをドーピングした場合には，真性半導体の場合に比べてフェルミ分布関数 $f_e(E)$

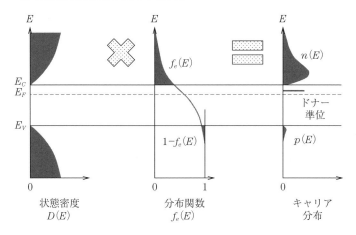

図 9.9 n型半導体のフェルミ準位とキャリア分布

は全体的に上側にずれることになる。この結果, n が増加するので, ドナーをドーピングすることによりn型半導体が得られる。

9.7.2 p型半導体中のフェルミ準位

アクセプタの活性化エネルギー E_a は式 (9.28) で与えられるので, アクセプタのエネルギー準位である**アクセプタ準位**は, 価電子帯の頂上 E_V から E_a だけ上方の禁制帯中に形成される。この様子を**図 9.10** に示す。

この図において, 価電子帯の電子を受け取ったアクセプタが**イオン化アクセ**

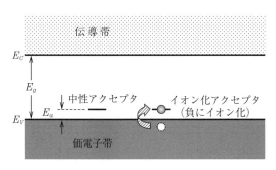

図 9.10 アクセプタ準位への電子の捕獲

プタであり，電子を受け取っていないアクセプタを**中性アクセプタ**と呼ぶ。ドナーの場合と同様に，アクセプタ準位における電子の占有確率も $f_e(E)$ に従う。そして，価電子帯の電子を受け取ったアクセプタが価電子帯中に正孔を発生させる。この過程は，アクセプタが価電子帯中に正孔を放出したことに対応しており，この正孔は価電子帯中を自由に動けるので，電流に寄与することができる。これに対して，アクセプタ準位に捕獲されている正孔は，半導体中を自由に動けないことに注意してほしい。

アクセプタ濃度 N_a が真性キャリア濃度 p_i よりも高く，すべてのアクセプタがイオン化している場合は，半導体に含まれる正孔濃度 p はアクセプタ濃度 N_a にほぼ等しくなるので

$$N_a \fallingdotseq p = N_V \exp\left(\frac{E_V - E_F}{k_B T}\right)$$

が得られる。この式を変形すると

$$E_F - E_V = k_B T \ln\left(\frac{N_V}{N_a}\right)$$

となるので，ドナーの場合と同様に，アクセプタをドーピングした半導体のフェルミ準位 E_F は E_V 付近に存在する。したがって，**図 9.11** に示すように，ア

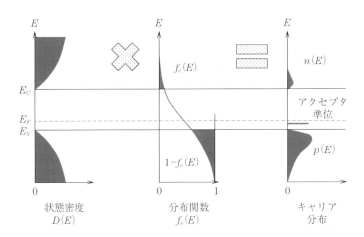

図 9.11　p 型半導体のフェルミ準位とキャリア分布

クセプタをドーピングした場合には，真性半導体の場合に比べてフェルミ分布関数 $f_e(E)$ は全体的に下側にずれることになる。この結果，p が増加するので，アクセプタをドーピングすることにより p 型半導体が得られる。

9.8　n 型半導体における電子濃度の温度依存性

ドナーをドーピングした半導体では，ドナー準位が禁制帯中に形成される。9.7 節の議論では，ほとんどのドナーがイオン化している場合を想定したが，実際には，ドナーの活性化エネルギーと熱エネルギー $k_B T$ の関係により，図 9.12 に示すように電子濃度が変化する。図における横軸は絶対温度 T の逆数であり，縦軸の電子濃度は対数で表示していることに注意してほしい。以下に，三つの温度領域に分けて，電子濃度の温度依存性を説明する。

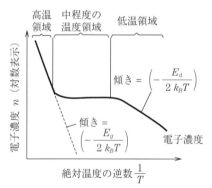

図 9.12　n 型半導体における電子濃度の温度依存性

9.8.1　低温領域

絶対温度 T が低く，熱エネルギーが小さな場合は，ドナーに束縛された電子は，熱エネルギーによって伝導帯に励起されにくい。このため，T が上昇すると，熱エネルギーが高くなるので，ドナー準位から伝導帯へ電子が徐々に励起することになる。E_F 以下のドナー準位では電子の占有確率が高いこと，極低温では電子がドナーに束縛されていることを考慮すると，極低温領域での

E_F は E_c とドナー準位の間に位置することになる。

極低温からある程度温度が上昇し，熱エネルギーによって，ドナーの半分がイオン化した場合を考えよう。この場合には，E_F におけるフェルミ分布関数は $f_e(E_F) = 1/2$ なので，E_F はドナー準位上に存在することになる。また，ドナー準位の深さを E_d とすると，この低温領域における n と T の関係は，$n \propto \exp[-E_d/(2k_BT)]$ となる。

9.8.2 中程度の温度領域

ほとんどのドナーがイオン化するため，$n \simeq N_d$ が成立する温度領域である。E_F よりもエネルギーの高い準位は電子で占有されにくいので，E_F はドナー準位よりも下に存在することになる。実際の半導体デバイスは，この中程度の温度領域で使用することが多い。

9.8.3 高温領域

真性キャリア濃度 n_i がドナー濃度 N_d よりも大きくなる温度領域であり，$n_i \gg N_d$ が成立する。真性キャリア濃度が高いので，半導体に含まれる電子濃度 n は $n \simeq n_i$ となる。このように，熱エネルギーが大きいので，価電子帯から伝導帯への電子の励起により n の値が決まる。ここで，式 (9.18) において，$1/T$ が比較的大きい領域では，$\exp[-E_g/(2k_BT)]$ の項に比べて $T^{3/2}$ の項による変化は無視できるので，$n_i \propto \exp[-E_g/(2k_BT)]$ の関係が成り立つ。図 9.12 に示したように，$E_g \gg E_d$ であるので，低温領域に比べて，高温領域における電子濃度は $1/T$ に対して大きく変化する。なお，この高温領域では真性半導体となるので，式 (9.19) で与えられるフェルミ準位 E_F は，禁制帯の中央付近に存在することになる。

演 習 問 題

9.1 フェルミ-ディラックの分布関数の近似について述べよ。
9.2 伝導帯の有効状態密度を説明せよ。
9.3 熱平衡状態における真性半導体中の電子濃度と正孔濃度の積を求め，その物理的な意味を述べよ。
9.4 真性半導体におけるフェルミ準位の位置を計算し，その位置について説明せよ。
9.5 Si 半導体中のドナー不純物およびアクセプタ不純物の例をあげよ。
9.6 ボーアの水素原子モデルを使って，半導体中の不純物準位を求めよ。ただし，角運動量は量子化されており，$n\hbar$（n：自然数）で表される。
9.7 n 型半導体において，イオン化ドナーと中性ドナーが同数の場合の E_F の位置について述べよ。
9.8 n 型半導体における電子濃度とフェルミ準位の位置の温度依存性について説明せよ。

第10章　半導体中の少数キャリア

本章では，半導体における電気伝導に関連するドリフト電流と拡散電流について説明する。そして，バイポーラトランジスタや発光ダイオード（LED）を動作させる際に利用する少数キャリアの性質について紹介する。

10.1　移動度を決定する要因

第7章で紹介したように，電界強度が低い場合には，電界強度 E とキャリアの速度 v が比例し，$v = \mu E$ の関係が成立する。そして，ドルーデの理論から，キャリアの緩和時間 τ と有効質量 m^* を用いて，$\mu = \tau q/m^*$ で表すことができる。ドリフト電流は，この移動度とキャリア濃度の積に比例する。第9章で電子濃度の温度特性を紹介したので，ここでは，移動度を決定する要因を示し，その温度特性を紹介しよう。

10.1.1　移動度を決定する主な散乱要因

半導体の結晶格子は熱エネルギーを得て振動している。この格子振動によってキャリアは散乱を受ける。この格子による散乱を**格子散乱**と呼ぶ。格子振動のエネルギーを量子化したものがフォノンであることから，**フォノン散乱**と呼ぶこともある。絶対温度を T とすると，格子散乱によって決まる移動度 μ_p は

$$\mu_p \propto T^{-3/2}$$

で与えられる。この散乱は半導体材料に依存しており，高温では格子振動が激しくなることから，格子散乱は高温で支配的な散乱要因となる。

また，不純物をドーピングした半導体には，イオン化した不純物が存在している。そして，このイオン化不純物によるクーロン力によって，キャリアは散

乱を受ける。この散乱を**イオン化不純物散乱**と呼び，N_I をイオン化不純物濃度とすると，イオン化不純物散乱によって決まる移動度 μ_I は

$$\mu_I \propto \frac{T^{3/2}}{N_I}$$

で与えられる。この式において低温では μ_I の値が小さくなることから，このイオン化不純物散乱は低温で支配的な散乱要因となる。

不純物をドーピングした半導体において，キャリアを放出せず，イオン化していない不純物は中性不純物と呼ばれる。そして，この中性不純物による散乱を**中性不純物散乱**と呼ぶ。この中性不純物散乱により決まる移動度 μ_N は，中性不純物濃度を N_N とすると

$$\mu_N \propto \frac{1}{N_N}$$

で与えられる。このように，中性不純物散乱は T に依存しないことが特徴である。

以上のように，移動度 μ の温度依存性を測定することにより，半導体内部でのキャリアの**散乱要因**を明らかにすることができる。

10.1.2　マティーセンの法則

10.1.1 項では，μ に対して三つの主な散乱要因があることを紹介した。実際の半導体では，すべての散乱要因で μ が決定されることになる。この場合に，各散乱要因で決まる μ を合成する方法について紹介しよう。

まず，単位時間当りにキャリアが散乱要因となる物体と衝突する回数は，平均の衝突時間である緩和時間 τ_i の逆数 $1/\tau_i$ である。したがって，単位時間当りの全衝突回数 $1/\tau_{\text{total}}$ は，それぞれの散乱要因による衝突回数の和なので

$$\frac{1}{\tau_{\text{total}}} = \sum_i \frac{1}{\tau_i} \tag{10.1}$$

で与えられる。7.3 節で紹介したドルーデの理論を用いると μ と τ は比例するので，式 (10.1) を使うことにより，合成した移動度 μ_{total} は

$$\frac{1}{\mu_{\text{total}}} = \sum_i \frac{1}{\mu_i} \tag{10.2}$$

で表すことができる．この式 (10.2) が**マティーセンの法則**を示している．式 (10.2) では，移動度の高い散乱要因は全体の μ_{total} に大きな影響を与えず，移動度の低い散乱要因で全体の μ_{total} が決定されることを示している．

10.1.3 実際の半導体中の移動度の温度特性

図 10.1 は，すべての温度範囲でドナーがイオン化している半導体を例に，実際の半導体で観測される移動度の温度特性の例を示している．横軸の絶対温度および縦軸の移動度は，対数表示であることに注意してほしい．

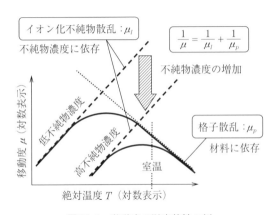

図 10.1 移動度の温度特性の例

10.1.1 項で述べたように，イオン化不純物散乱は低温で支配的な散乱であり，このイオン化不純物散乱で決まる μ_I は $T^{3/2}$ に比例して増加する．そして，この μ_I は半導体に含まれるイオン化不純物濃度 N_I に反比例するので，N_I が高くなると μ_I の温度特性は低 μ 側に平行移動する．図では，不純物濃度が低い場合と高い場合の二つの場合に対して，μ_I の温度特性を破線で示している．これ対して，格子散乱で決まる μ_p は $T^{-3/2}$ に比例し，半導体材料が決まれば温度特性が決まることになる．この μ_p の温度特性を図の点線で示している．

これら μ_I と μ_p を合成した μ を図の実線で示した．μ_I については，N_I が低

い場合と高い場合の二つの場合を想定しているので，合成したμの温度特性を2本の実線で示している．図で示すように，イオン化不純物濃度N_Iが高い場合は，合成したμの最大値が小さく，最大値を与える温度が高温側に移動することがわかる．ただし，さらなる高温側では，格子散乱によって移動度が決まるので，不純物濃度にかかわらず，両者の値はほぼ同じになる．

10.2 ドリフト電流

7.2節で述べたように，キャリアが電子だけの場合は，電子濃度n，電界強度E，電子の移動度μ_nとして，電界によって流れるドリフト電流密度J_{drift}は$J_{\text{drift}} = nq\mu_n E$と表すことができる．

一方で，電子と正孔が共存する場合は，電界Eを印加すると，正孔には電界Eと同じ方向に，電子には電界Eとは逆の方向に力が働く．一方で，正孔と電子は逆の符号の電荷を持っているので，正孔による電流密度J_pおよび電子による電流密度J_nは，同じ方向に流れる．したがって，電子と正孔が共存する場合のドリフト電流密度J_{drift}は，正孔濃度pと正孔の移動度μ_pを用いて

$$J_{\text{drift}} = J_p + J_n = q(p\mu_p + n\mu_n)E \tag{10.3}$$

が得られる．7.2節で述べたように，この式は**オームの法則**を示している．この式(10.3)から，正孔と電子が共存する場合の電気伝導率σは

$$\sigma = q(p\mu_p + n\mu_n)$$

で与えられる．

10.3 拡 散 電 流

拡散現象とは，粒子（あるいは，熱，運動量）などが自発的に散らばり広がる物理現象のことである．例えば，水の上に青インクを垂らすと，青インクが横方向に広がっていく現象が拡散である．この拡散現象においては，粒子の濃度勾配が駆動力となって，濃度勾配に比例した粒子の量が移動する．ここでは，

半導体中でキャリア濃度に勾配がある際に，キャリアが拡散で移動する現象について，1次元のモデルを使って紹介しよう。

10.3.1 フィックの法則

x 方向の関数である正孔濃度 p と正孔の拡散定数 D_p を用いて，x 方向に垂直な単位面積の断面を単位時間に通過する正孔数は $(-D_p)\partial p/\partial x$ で与えられる。この式は，「正孔濃度の高い領域から低い領域に向かって，濃度勾配に比例した量の正孔が流れる」ことを示している。これが**フィックの法則**である。正孔濃度の高い領域から低い領域に向かって正孔が流れるので，「−」の符号が付くことに注意してほしい。

10.3.2 正孔による拡散電流密度

電流密度とは，単位時間に単位面積の断面を通過する電荷量である。したがって，正孔の拡散により発生する拡散電流密度 J_diff は，フィックの法則を使うことにより

$$J_\text{diff} = -qD_p \frac{\partial p}{\partial x} \tag{10.4}$$

となる。

図 10.2 に，中央にある仕切り板によって半導体の左側に正孔を閉じ込め，この仕切り板を取り除いた後における正孔の拡散のイメージを示す。図（a）

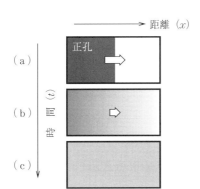

図 10.2 正孔の拡散のイメージ

では，仕切り板を取り除くことにより，正孔の拡散が開始するイメージを示している。この場合は，中央付近において正孔の濃度勾配が大きいので，正孔の拡散速度が大きい。このため，中央付近では多くの拡散電流が流れる。次に，図（b）は少し時間が経過した場合のイメージであり，正孔の濃度勾配が少なくなったために，正孔の拡散速度が減少していることを示している。このため，中央付近の拡散電流は減少することになる。そして，図（c）のように，最終的には定常状態となる。この定常状態では，正孔の濃度勾配がなくなるので，正孔は拡散しなくなり，拡散電流が流れなくなる。

ここで，半導体中を流れる電流は，ドリフト電流と拡散電流の和であるので，正孔だけが関与する正孔電流密度J_pは

$$J_p = qp\mu_p E - qD_p \frac{\partial p}{\partial x} \tag{10.5}$$

で与えられる。

10.3.3 電子による拡散電流密度

正孔電流密度と同様にして，電子電流密度J_nは，電子が負の電荷を持つことに注意して

$$J_n = qn\mu_n E - (-q)D_n \frac{\partial n}{\partial x} = qn\mu_n E + qD_n \frac{\partial n}{\partial x} \tag{10.6}$$

で与えられる。

10.4 アインシュタインの関係式

ここでは，拡散定数がどのような物理量で表すことができるかを考えよう。**図 10.3**に示すように，x軸の正方向に沿ってアクセプタ濃度が減少するp型半導体を考える。そして，少数キャリアである電子濃度は無視できるものとする。x軸の正方向に沿って正孔濃度が減少することから，このp型半導体中に発生した正孔による拡散電流密度は，式 (10.4) で示したように

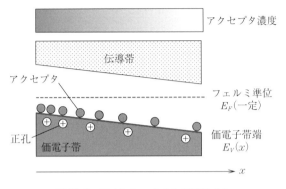

図10.3 アインシュタインの関係式を
導くためのモデル

$$J_{\text{diff}} = -qD_p\frac{\partial p}{\partial x}$$

である。図より，$\partial p/\partial x$ は負の値であることから，J_{diff} は正の値となり，x 軸の正方向に流れることがわかる。このように正孔が x 軸の正方向に向かって流れたことにより，x 軸の負の方向にはマイナスにイオン化したアクセプタ，そして，x 軸の正の方向には正孔が蓄積するので，x 軸の負の方向に電界 E_x が発生する。x 軸の負の方向の電界なので，E_x は負の値を持つことに注意してほしい。このことは，p 型半導体の右側に正の電圧を印加したことに相当する。この結果，縦軸は電子に対するポテンシャルエネルギーを示しているので，図に示すように，禁制帯が右下がりに描かれている。この電界 E_x による正孔のドリフト電流密度 J_{drift} は

$$J_{\text{drift}} = qp\mu_p E_x \tag{10.7}$$

である。

ここで，フェルミ準位 E_F（一定）と位置 x における価電子帯端 $E_V(x)$ の差を x で偏微分すれば，電界強度 E_x が得られる。そして，E_F と $E_V(x)$ は電子ボルト単位〔eV〕で表記されていることに注意して

$$E_x = -\frac{\partial [E_F - E_V(x)]/q}{\partial x} = \frac{1}{q}\frac{\partial [E_V(x) - E_F]}{\partial x} \tag{10.8}$$

が得られる。

また，式 (9.16) で示したように，正孔濃度 p は価電子帯の有効状態密度 N_V を用いて

$$p = N_V \exp\left[\frac{E_V(x) - E_F}{k_B T}\right] \tag{10.9}$$

と表すことができる。式 (10.8) の右辺の分母に $\partial[E_V(x) - E_F]$ の項が入っているので，式 (10.9) の両辺を $\partial[E_V(x) - E_F]$ で偏微分すると

$$\frac{\partial p}{\partial [E_V(x) - E_F]} = N_V \exp\left[\frac{E_V(x) - E_F}{k_B T}\right] \times \frac{1}{k_B T} = \frac{p}{k_B T} \tag{10.10}$$

が得られる。式 (10.8)，(10.10) を使うことにより，正孔濃度 p の x 方向の勾配 $\partial p/\partial x$ は

$$\frac{\partial p}{\partial x} = \frac{\partial p}{\partial [E_V(x) - E_F]} \times \frac{\partial [E_V(x) - E_F]}{\partial x} = \frac{p}{k_B T} \times qE_x \tag{10.11}$$

となる。したがって，拡散電流密度 J_diff は，式 (10.4)，(10.11) を使って

$$J_\text{diff} = -qD_p\frac{\partial p}{\partial x} = -qD_p \times \frac{p}{k_B T} \times qE_x \tag{10.12}$$

と表すことができる。定常状態では，拡散電流密度とドリフト電流密度の和が 0 となることから，式 (10.7)，(10.12) を使って

$$J_\text{diff} + J_\text{drift} = -qD_p \times \frac{p}{k_B T} \times qE_x + qp\mu_p E_x = 0 \tag{10.13}$$

となる必要がある。式 (10.13) から，正孔の拡散定数 D_p として

$$D_p = \frac{\mu_p k_B T}{q} \tag{10.14}$$

の関係式を得ることができる。同様に，電子の拡散定数 D_n は

$$D_n = \frac{\mu_n k_B T}{q} \tag{10.15}$$

となる。これらの式 (10.14)，(10.15) の関係を**アインシュタインの関係式**と呼ぶ。アインシュタインの関係式は，キャリアの移動度 μ が大きく，絶対温度 T が高い場合に，キャリアの拡散が速くなることを示している。

10.5 過剰少数キャリア

9.4.1 項で述べたように np 積は一定であるから,半導体中には電子と正孔が共存する。このようなことから,半導体中にはさまざまなキャリアがあるので,これらのキャリア濃度に関する表記法を**表 10.1** にまとめておく。

表 10.1 キャリア濃度に関する表記

（a）n 型半導体中の表記
- n_n：n 型半導体中の電子濃度
- n_{n0}：n 型半導体中の電子濃度の熱平衡値
- p_n：n 型半導体中の正孔濃度
- p_{n0}：n 型半導体中の正孔濃度の熱平衡値

（b）p 型半導体中の表記
- p_p：p 型半導体中の正孔濃度
- p_{p0}：p 型半導体中の正孔濃度の熱平衡値
- n_p：p 型半導体中の電子濃度
- n_{p0}：p 型半導体中の電子濃度の熱平衡値

表 10.1 に示すように,まずは,電子と正孔の区別を n と p で示し,一つ目の添え字では n 型と p 型半導体の区別を示す。さらに,二つ目の添え字において,熱平衡状態における値であれば 0 を付ける。熱平衡状態では np 積が一定なので,熱平衡状態でのキャリア濃度は,真性半導体における電子濃度 n_i と正孔濃度 p_i を用いると

$$n_{n0}\,p_{n0} = n_{p0}\,p_{p0} = n_i^2 = p_i^2$$

の関係がある。

ここで,熱平衡値を超えた少数キャリアを**過剰少数キャリア**と呼ぶ。したがって,n 型半導体中での過剰少数キャリア濃度は $(p_n - p_{n0})$ であり,p 型半導体中での過剰少数キャリア濃度は $(n_p - n_{p0})$ で表すことができる。なお,この

場合は，熱平衡状態でないので，np 積は一定でないことに注意してほしい．

熱平衡値からずれた過剰少数キャリアを生成させる方法としては，半導体に光や電子線を照射する方法，あるいは，隣接する半導体の層などから電流によって少数キャリアを注入する方法がある．第 11 章で説明するが，pn 接合ダイオードでは過剰少数キャリアの役割が重要であり，この過剰少数キャリアはバイポーラトランジスタや LED が動作する際に利用される．なお，この過剰少数キャリアは多数キャリアと再結合しやすいので，半導体への少数キャリアの供給を止めて時間が経過すれば，半導体中の過剰少数キャリアは消滅する．この場合には，電子濃度および正孔濃度は，時間とともに熱平衡状態の値へ戻ることになる．

10.6 少数キャリアの連続の式

本節では，少数キャリアの性質を調べるために，1 次元モデルを使って少数キャリア濃度を定量的に考察し，**少数キャリアの連続の式**を紹介しよう．

10.6.1 過剰少数キャリア濃度の時間変化を決める要因

ある微小領域を考えて，この微小領域における過剰少数キャリア濃度の時間変化 ($\partial p/\partial t$) を決める要因を考えよう．まず，この微小領域へ流入する電流，およびこの微小領域から流出する電流がある．そして，これらの電流には，微小領域に出入りする拡散電流とドリフト電流がある．また，この微小領域内での再結合によるキャリアの消滅，および光照射などによる微小領域内でのキャリアの生成がある．次に，1 次元モデルを使って，これらの要因を定量的に考察しよう．

10.6.2 n 型半導体中の微小領域における少数キャリアによる電流

n 型半導体中の微小領域における少数キャリアによる電流の流出入を考える．図 **10.4** に示すように，x および $x + dx$ の位置にある断面積 S の側面で

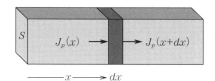

図 10.4 x および $x + dx$ の位置にある断面積 S の側面で囲まれた微小領域

囲まれた領域が微小領域である．そして，この微小領域における単位時間当りの少数キャリア濃度の変化を考えよう．

　n型半導体中の少数キャリアは正孔である．そして，この正孔電流によって微小領域に流入する少数キャリア数は，正孔電流密度$J_p(x)$と断面積Sを用いて，$J_p(x) \times (S/q)$である．同様に，正孔電流によって微小領域から流出する少数キャリア数は，付録のA.6で説明するテイラー展開を用いることにより

$$J_p(x + dx) \times \frac{S}{q} = \left[J_p(x) + \frac{\partial J_p(x)}{\partial x} dx \right] \times \frac{S}{q} \tag{10.16}$$

となる．

　したがって，微小領域における電流の出入りにより，単位時間当りに増加する少数キャリア濃度$(\partial p_n/\partial t)_{\mathrm{curr}}$は

$$\left(\frac{\partial p_n}{\partial t} \right)_{\mathrm{curr}} \times (Sdx) = J_p(x) \times \frac{S}{q} - J_p(x + dx) \times \frac{S}{q}$$

であるので，式(10.16)の関係を用いることにより

$$\left(\frac{\partial p_n}{\partial t} \right)_{\mathrm{curr}} = - \frac{\partial J_p(x)}{\partial x} \times \frac{1}{q} \tag{10.17}$$

が得られる．

　ここで，正孔の拡散電流密度$J_{\mathrm{diff}}(x)$は$(-qD_p)\partial p_n/\partial x$であるので，この式を式(10.17)に代入する．この結果，微小領域における拡散電流の出入りにより，単位時間当りに増加する少数キャリア濃度$(\partial p_n/\partial t)_{\mathrm{diff}}$は

$$\left(\frac{\partial p_n}{\partial t} \right)_{\mathrm{diff}} = D_p \frac{\partial^2 p_n}{\partial x^2} \tag{10.18}$$

となる．

　また，正孔のドリフト電流密度$J_{\mathrm{drift}}(x)$は$qp_n\mu_p E$であるので，この式を式(10.17)に代入する．μ_pが定数であることを考慮して，微小領域におけるドリ

フト電流の出入りにより，単位時間当りに増加する少数キャリア濃度$(\partial p_n/\partial t)_{\text{drift}}$は

$$\left(\frac{\partial p_n}{\partial t}\right)_{\text{drift}} = -\mu_p E \frac{\partial p_n}{\partial x} - \mu_p p_n \frac{\partial E}{\partial x} \tag{10.19}$$

となる．

10.6.3　p型半導体中の微小領域における少数キャリアによる電流

p型半導体中の少数キャリアは電子なので，電流が微小領域から流出することは，電子が微小領域に流入することに対応する．このことに注意して，微小領域における電流の出入りにより，単位時間当りに増加する少数キャリア濃度$(\partial n_p/\partial t)_{\text{curr}}$は

$$\left(\frac{\partial n_p}{\partial t}\right)_{\text{curr}} \times (Sdx) = J_n(x+dx) \times \frac{S}{q} - J_n(x) \times \frac{S}{q}$$

である．したがって，n型半導体の場合と同様に，微小領域における電流の出入りにより，単位時間当りに増加する少数キャリア濃度$(\partial n_p/\partial t)_{\text{curr}}$は

$$\left(\frac{\partial n_p}{\partial t}\right)_{\text{curr}} = \frac{\partial J_n(x)}{\partial x} \times \frac{1}{q} \tag{10.20}$$

となる．

n型半導体中での正孔の取扱いと同様に，p型半導体における電子の拡散電流密度$J_{\text{diff}}(x)$は$(qD_n)\partial n_p/\partial x$であるので，この式を式 (10.20) に代入する．この結果，微小領域における拡散電流の出入りにより，単位時間当りに増加する少数キャリア濃度$(\partial n_p/\partial t)_{\text{diff}}$は

$$\left(\frac{\partial n_p}{\partial t}\right)_{\text{diff}} = D_n \frac{\partial^2 n_p}{\partial x^2} \tag{10.21}$$

となる．また，電子のドリフト電流密度$J_{\text{drift}}(x)$は$qn_p\mu_n E$であるので，この式を式 (10.20) に代入する．この結果，微小領域におけるドリフト電流の出入りにより，単位時間当りに増加する少数キャリア濃度$(\partial n_p/\partial t)_{\text{drift}}$は

$$\left(\frac{\partial n_p}{\partial t}\right)_{\text{drift}} = \mu_n E \frac{\partial n_p}{\partial x} + \mu_n n_p \frac{\partial E}{\partial x} \tag{10.22}$$

となる．

10.6.4 n型半導体中の少数キャリアの生成と消滅

n型半導体中の少数キャリアは正孔なので，以下の議論では，過剰少数キャリア濃度は熱平衡値を超えた正孔濃度を示している．

過剰少数キャリアが単位時間内に再結合する確率を P〔s^{-1}〕とすると，P の逆数が時間の次元であることからもわかるように，過剰少数キャリアの平均寿命 τ_p〔s〕は

$$\tau_p = \frac{1}{P} \tag{10.23}$$

で表すことができる．

単位体積当りの少数キャリアが消滅する速度を U〔$cm^{-3}\,s^{-1}$〕とすると，単位時間内に消滅する過剰少数キャリアの数は，式 (10.23) を使って

$$U \times (Sdx) = [(p_n - p_{n0}) \times (Sdx)] \times P$$
$$= [(p_n - p_{n0}) \times (Sdx)] \times \frac{1}{\tau_p}$$

で与えられる．単位体積当りの少数キャリアが消滅する速度 U は $-(\partial p_n/\partial t)_{\mathrm{recom}}$ で表すことができるので，単位時間内に変化する過剰少数キャリアの濃度 $(\partial p_n/\partial t)_{\mathrm{recom}}$ は

$$\left(\frac{\partial p_n}{\partial t}\right)_{\mathrm{recom}} = -\frac{p_n - p_{n0}}{\tau_p} \tag{10.24}$$

となる．式 (10.24) は，「長い時間が経過すると $p_n = p_{n0}$ となり，過剰少数キャリアが消滅する」ことを示している．

一方で，少数キャリアが単位体積当りに生成する速度 $(\partial p_n/\partial t)_{\mathrm{gen}}$〔$cm^{-3}\,s^{-1}$〕は

$$\left(\frac{\partial p_n}{\partial t}\right)_{\mathrm{gen}} = g_p \tag{10.25}$$

で与えられる．式 (10.25) において，一定量の光や電子線を照射する際には，g_p は定数となる．この場合は，少数キャリアの生成速度が一定であることに対応している．

10.6.5 p型半導体中の少数キャリアの生成と消滅

p型半導体中の少数キャリアである電子についても，同様な考え方で，式 (10.24)，(10.25) に対応する式 (10.26)，(10.27) を得ることができる．つまり，少数キャリアである電子の平均寿命を τ_n [s] とすると，単位時間内に変化する過剰少数キャリアの数 $(\partial n_p/\partial t)_{\mathrm{recom}}$ は

$$\left(\frac{\partial n_p}{\partial t}\right)_{\mathrm{recom}} = -\frac{n_p - n_{p0}}{\tau_n} \tag{10.26}$$

で与えられる．また，少数キャリアが単位体積当りに生成する速度 $(\partial n_p/\partial t)_{\mathrm{gen}}$ [cm^{-3} s^{-1}] は

$$\left(\frac{\partial n_p}{\partial t}\right)_{\mathrm{gen}} = g_n \tag{10.27}$$

で与えられる．

10.6.6 1次元における少数キャリアの連続の式

n型半導体においては，少数キャリアは正孔である．そこで，少数キャリアの時間変化を示す四つの要因である式 (10.18)，(10.19)，(10.24)，(10.25) をまとめることにより，少数キャリアの連続の式として

$$\frac{\partial p_n}{\partial t} = g_p - \frac{p_n - p_{n0}}{\tau_p} + D_p \frac{\partial^2 p_n}{\partial x^2} - \mu_p E \frac{\partial p_n}{\partial x} - \mu_p p_n \frac{\partial E}{\partial x} \tag{10.28}$$

が得られる．

同様に，p型半導体においては，少数キャリアは電子であるので，式 (10.21)，(10.22)，(10.26)，(10.27) をまとめることにより，少数キャリアの連続の式として

$$\frac{\partial n_p}{\partial t} = g_n - \frac{n_p - n_{p0}}{\tau_n} + D_n \frac{\partial^2 n_p}{\partial x^2} + \mu_n E \frac{\partial n_p}{\partial x} + \mu_n n_p \frac{\partial E}{\partial x} \tag{10.29}$$

が得られる．

10.6.7 3次元における少数キャリアの連続の式

10.6.6項では1次元のモデルを使って少数キャリアの性質を説明した．実

際の半導体は3次元の結晶なので，3次元における少数キャリアの連続の式を以下に紹介しよう。

n型半導体では，正孔の電流密度ベクトル $\bm{J}_p$ を使って

$$\frac{\partial p_n}{\partial t} = g_p - U_p - \frac{1}{q} \nabla \cdot \bm{J}_p$$

で表すことができる。ここで，∇（ナブラ）は

$$\nabla = \hat{\bm{x}} \frac{\partial}{\partial x} + \hat{\bm{y}} \frac{\partial}{\partial y} + \hat{\bm{z}} \frac{\partial}{\partial z}$$

で定義される。

また，p型半導体では，電子の電流密度ベクトル $\bm{J}_n$ を使って

$$\frac{\partial n_p}{\partial t} = g_n - U_n + \frac{1}{q} \nabla \cdot \bm{J}_n$$

で表すことができる。

10.7　少数キャリアの連続の式の応用例

【例題 10.1】 図 10.5 に示すように，n型半導体薄膜の表面に弱い光を照射し，薄膜全体に含まれるキャリアを一様に励起することを考える。そして，一定の割合（g_p）で電子と正孔が発生する場合に，定常状態における少数キャリア濃度を求めよ。さらに，光照射を停止したときの少数キャリア濃度の変化を求めよ。

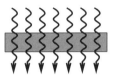

図 10.5

（1）　**解答のポイント**

まずは，弱い光を照射することから，発生した電子濃度はn型半導体中の

多数キャリアである電子濃度の平衡値 n_{n0} よりも十分に小さいことを示している。つまり，少数キャリアである正孔濃度の変化だけを考慮すればよい。次に，一様に励起していることから，キャリアの濃度分布がないことを示しており，拡散電流は無視できる。さらに，電界 E がないので，ドリフト電流もないことがわかる。したがって，少数キャリアである正孔濃度 p_n は x の関数ではなく，t だけの関数 $p_n(t)$ となる。以上のことから，1次元のモデルを使って，キャリアの生成と消滅だけを考慮すればよいことになる。

（2） 定常状態における少数キャリアの連続の式

キャリアの生成と消滅だけを考慮すればよいので，少数キャリアの連続の式 (10.28) は

$$\frac{\partial p_n}{\partial t} = g_p - \frac{p_n - p_{n0}}{\tau_p}$$

となる。ここで，定常状態とは p_n が時間に依存しないことであり

$$\frac{\partial p_n}{\partial t} = 0$$

なので

$$p_n = p_{n0} + \tau_p g_p$$

が得られる。

（3） 光照射停止後の少数キャリアである正孔濃度の変化

光照射を停止したために，キャリアの生成がなくなるので，キャリアの消滅だけを考慮すればよい。この場合は，p_n は t の関数 $p_n(t)$ であり，定常状態ではなく，過渡応答を求める問題となる。少数キャリアの連続の式 (10.28) は

$$\frac{\partial p_n(t)}{\partial t} = -\frac{p_n(t) - p_{n0}}{\tau_p} \tag{10.30}$$

となる。ここで，p_{n0} は時間に依存しない定数である。そして，この微分方程式の境界条件は $t = 0$ における少数キャリア濃度 $p_n(0)$ であり

$$p_n(0) = p_{n0} + \tau_p g_p$$

である。

$f(t) = p_n(t) - p_{n0}$ とおくと，微分方程式 (10.30) は

$$\frac{\partial f(t)}{\partial t} = -\frac{f(t)}{\tau_p}$$

と書き換えることができ，境界条件は $f(0) = \tau_p g_p$ となる．これらを考慮すると，$f(t)$ に関する微分方程式の解は

$$f(t) = \tau_p g_p \exp\left(-\frac{t}{\tau_p}\right)$$

となる．したがって，式 (10.30) の微分方程式の解として

$$p_n(t) = p_{n0} + \tau_p g_p \exp\left(-\frac{t}{\tau_p}\right)$$

が得られる．このようにして求めた $p_n(t)$ を**図 10.6** に示す．$p_n(\infty) = p_{n0}$ であるので，長い時間が経過すれば，n 型半導体中の正孔濃度は熱平衡時の値となる．

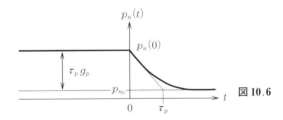

図 10.6

【**例題 10.2**】 図 **10.7** に示すように，n 型半導体薄膜の端面に弱い光を照射し，薄膜の注入表面ですべての光が吸収されることを考える．この場合，n 型半導体薄膜の注入表面での少数キャリア濃度を $p_n(0)$ として，定常状態における少数キャリア濃度の分布を求めよ．そして，その際の拡散電流密度を求めよ．

図 10.7

（1） **解答のポイント**

まずは，弱い光を照射することから，発生した電子濃度は，n 型半導体中の

多数キャリアである電子濃度の平衡値 n_{n0} よりも十分に小さいことを示している。つまり，少数キャリアの正孔濃度の変化だけを考慮すればよい。次に，電界 E がないので，ドリフト電流はない。そして，注入表面ですべての光が吸収されることから，n 型半導体薄膜の内部でのキャリアの生成はない。以上のことから，n 型半導体薄膜の内部では，キャリアの拡散と消滅を考慮すればよい。さらに，定常状態であることから，$\partial p_n/\partial t = 0$ であるので，p_n は t の関数でない。そして，キャリア濃度の分布があることから，1 次元モデルにおいて p_n は x だけの関数 $p_n(x)$ となる。

（2） 少数キャリアの連続の式

以上のことを考慮して，定常状態における少数キャリアの連続の式 (10.28) は

$$\frac{\partial p_n}{\partial t} = -\frac{p_n(x) - p_{n0}}{\tau_p} + D_p \frac{\partial^2 p_n(x)}{\partial x^2} = 0 \tag{10.31}$$

となる。

n 型半導体薄膜の注入表面での少数キャリア濃度が $p_n(0)$ で与えられている。そして，注入表面から十分に離れた点である $x \to \infty$ では，少数キャリア濃度の正孔は熱平衡値 p_{n0} となり，これらの二つが式 (10.31) の微分方程式における境界条件となる。

【例題 10.1】の解答と同様に，$f(x) = p_n(x) - p_{n0}$ と置き換えて，$f(\infty) = 0$ であることに注意して，微分方程式 (10.31) を解くと

$$p_n(x) = p_{n0} + [p_n(0) - p_{n0}] \exp\left(-\frac{x}{L_p}\right) \quad 〔ただし，L_p = (D_p \tau_p)^{1/2}〕 \tag{10.32}$$

が得られる。ここで，L_p は**少数キャリアの拡散長**と呼ばれ，pn 接合を利用したデバイスの特性を示す重要なパラメータとなる。このようにして求めた $p_n(x)$ を**図 10.8** に示す。

以上の $p_n(x)$ を式 (10.4) に代入することにより，拡散電流密度 $J_p(x)$ は

$$J_p(x) = -qD_p \frac{\partial p_n(x)}{\partial x} = \frac{qD_p}{L_p} [p_n(0) - p_{n0}] \exp\left(-\frac{x}{L_p}\right)$$

となる。この場合，n 型半導体薄膜の注入表面で吸収された光により，電子・

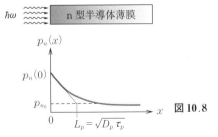

図 10.8

正孔対が発生し，少数キャリアである正孔による拡散電流が x 軸の正方向に流れることになる。

演 習 問 題

10.1 移動度を決定する主な散乱要因をあげ，それぞれの散乱要因の特徴を述べよ。
10.2 移動度に関するマティーセンの法則を説明せよ。
10.3 拡散電流を説明し，1 次元モデルを使って，電子と正孔に対する半導体中の電流密度を示せ。
10.4 拡散定数を求めるための思考実験のモデルを示し，アインシュタインの関係式を導け。
10.5 過剰少数キャリア濃度を決める四つの要因をあげよ。
10.6 n 型半導体において，1 次元での少数キャリアの連続の式を示せ。

第11章 pn接合とショットキー接合

　本章では，バイポーラトランジスタや発光ダイオード（LED）で使われているpn接合のエネルギーバンド図について説明する。そして，pn接合ダイオードのエネルギーバンド図に対応する静電ポテンシャル（電位）を計算し，ダイオードにおける各種パラメータを測定することができる容量-電圧（C-V）特性を紹介する。さらに，整流性を示すpn接合ダイオードの電流-電圧（I-V）特性について定量的な取扱いを説明する。一方で，ショットキー接合ダイオードは，pn接合ダイオードと同様に，そのI-V特性に整流性があり，両者には共通する点がある。そこで，本章ではショットキー接合ダイオードの特性についても紹介する。

11.1　pn接合ダイオードの概要

　pn接合ダイオードにはI-V特性に整流性があるので，電子回路や交流-直流（AC-DC）変換器などの電子部品として使われている。そして，発光デバイスとしては，ディスプレイ用などのLED，あるいは，通信やDVDなどの記録媒体装置用のレーザーダイオード（LD）にもpn接合ダイオードが利用されている。また，受光デバイスとしては，太陽光エネルギーを電気エネルギーに変換する太陽電池にもpn接合ダイオードが利用されている。さらに，バイポーラトランジスタには二つのpn接合ダイオードが組み込まれている。このように，pn接合ダイオードはさまざまな半導体デバイスに使われている。

　図11.1に示すように，大きく分けて，2種類のpn接合ダイオード構造がある。一つ目は横型pn接合であり，主として，イオン注入を用いて作製されるSi半導体を使った電子部品で利用されている。二つ目は縦型pn接合であり，

11.1 pn接合ダイオードの概要

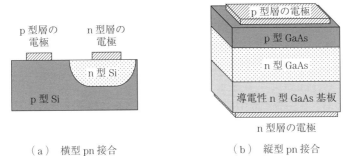

(a) 横型pn接合   (b) 縦型pn接合

図 11.1 pn接合ダイオードの構造の例

エピタキシャル成長によって作製するLEDやLD，あるいは高出力用電子デバイスとして利用されている。また，太陽電池応用でも縦型pn接合が利用されている。

図 11.2 に示すように，pn接合ダイオードの I-V 特性は整流性を示す。p型層に正の電圧を印加することにより，p型層からn型層へ大きな電流を流すことができる。このように，大きな電流を流すことのできる電圧の加え方を**順方向バイアス**と呼び，電流が流れはじめる電圧を**立上がり電圧**（あるいは**オン電圧**）と呼ぶ。逆に，p型層に負の電圧を印加する場合は，電流が流れにくい方向になる。このような電圧の加え方を**逆方向バイアス**と呼び，きわめて小さな**飽和電流密度** J_{sat} しか流れない。

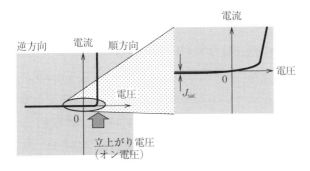

図 11.2 pn接合ダイオードの I-V 特性

次に，1次元のエネルギーバンド図を用いて，pn接合について考察しよう。

11.2　pn接合の形成

図11.3は，p型層とn型層を接合させる前の**エネルギーバンド図**（あるいは，単にバンド図）を示している。そして，縦型**pn接合**を形成する前のp型層とn型層の断面イメージを図の左にイラストで示した。エネルギーバンド図の縦軸は電子に対するポテンシャルエネルギーであり，横軸は薄膜表面からの距離を示している。また，この図では，正孔と電子，およびイオン化したアクセプタとドナーを描き加えている。そして，p型層とn型層を接合させる前は，各層において電荷が中和されていることを示している。つまり，正孔とイオン化したアクセプタ，あるいは電子とイオン化したドナーはそれぞれ同数である。

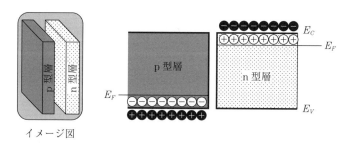

図11.3　接合前のエネルギーバンド図

次に，この二つの層を接合させると，**p型層**には電子が少なく，**n型層**には正孔が少ないので，電子がn型層からp型層へ，そして，正孔がp型層からn型層へと拡散する。電子はn型層からp型層へ拡散するが，電子が拡散した結果，p型層における電子のポテンシャルエネルギーが上昇する。ただし，このp型層のポテンシャルエネルギーの上昇が少ない場合は，電子がn型層からp型層へ拡散することができる。このようなキャリアが拡散するイメージを**図11.4**に示す。pn接合界面付近の電子と正孔は，拡散によってなくなるの

11.2 pn接合の形成

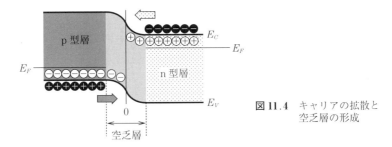

図 11.4 キャリアの拡散と空乏層の形成

で，図に示すように，p型層とn型層の間にキャリアが存在しない**空乏層**が形成されることになる。そして，二つの層の**フェルミ準位** E_F が一致すると，キャリアの拡散が終了し，定常状態となる。このように定常状態となった場合のエネルギーバンド図を**図 11.5**に示す。空乏層中のイオン化したアクセプタやドナーの固定電荷は，キャリアで中和されていないので，**拡散電位** V_{bi} と呼ばれる電位が発生する。これに対して，pn接合界面から十分に離れた領域では，接合前と同様に，固定電荷とキャリアによる電荷が中和しているので，内部電界が存在しない。したがって，このようなpn接合界面から十分に離れた領域は**中性領域**と呼ばれ，電子に対するポテンシャルエネルギーは平たんとなる。

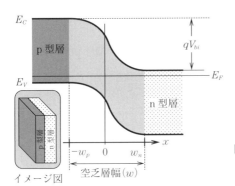

図 11.5 pn接合のエネルギーバンド図

次に，このpn接合に電圧を印加したときのエネルギーバンド図を考えよう。p型層に順方向バイアス V を印加すると，n型層の E_F はp型層の E_F よりも $q|V|$ だけ高くなる。この結果，空乏層幅が減少し，電子や正孔に対する

ポテンシャル障壁が $q(V_{bi} - |V|)$ に減少する（**図 11.6**）。つまり，電圧を印加していない場合よりもポテンシャル障壁の大きさが $q|V|$ だけ小さくなる。したがって，電子と正孔の一部は低くなったポテンシャル障壁を乗り越えることができるようになるため，pn 接合ダイオードに電流が流れることになる。

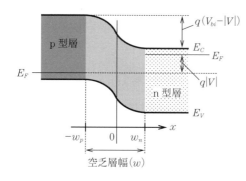

図 11.6 順方向バイアスを印加した pn 接合のエネルギーバンド図

一方で，p 型層に負の電圧を印加する逆方向バイアス状態では，n 型層の E_F は p 型層の E_F よりも $q|V|$ だけ低くなる。この結果，空乏層幅が増加し，電子や正孔に対するポテンシャル障壁も $q(V_{bi} + |V|)$ に増加する（**図 11.7**）。したがって，多くの電子と正孔はポテンシャル障壁を乗り越えることができないので，電流はほとんど流れない。

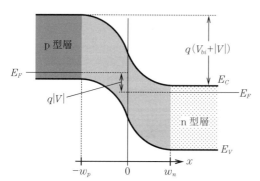

図 11.7 逆方向バイアスを印加した pn 接合のエネルギーバンド図

ここで，$V = V_{bi}$ に相当する順方向バイアスを印加した場合には，**図 11.8** に示すように，エネルギーバンド図が平たんになり，空乏層がなくなる。このようなことから，qV_{bi} は**フラットバンドポテンシャル**と呼ばれることもある。

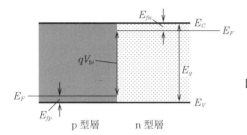

図 11.8　$V = V_{bi}$ の順方向バイアスを印加した場合のエネルギーバンド図

ほかにも，半導体 pn 接合の内部に存在する電位であることから，V_{bi} を**内蔵電位**と呼ぶこともある．なお，図より，拡散電位 V_{bi} には式 (11.1) のような関係があることがわかる．

$$qV_{bi} = E_g - (E_{fp} + E_{fn}) \fallingdotseq E_g \tag{11.1}$$

ただし，n 型層における伝導帯端とフェルミ準位の差 $E_{fn}(= E_C - E_F)$，および p 型層におけるフェルミ準位と価電子帯端の差 $E_{fp}(= E_F - E_V)$ は，それぞれ式 (9.8) で示した $n = N_C \exp[(E_F - E_C)/(k_B T)]$，および式 (9.16) で示した $p = N_V \exp[(E_V - E_F)/(k_B T)]$ の関係から求めることができる．通常の E_{fn} や E_{fp} の値は E_g に比べて小さいので，式 (11.1) で示すように，pn 接合の qV_{bi} は使用する半導体材料のバンドギャップエネルギー E_g 程度になる．つまり，E_g の大きな半導体材料を使って作製した pn 接合ダイオードでは，拡散電位が大きくなるので，それに伴って立上がり電圧も大きくなる．

11.3　階段型 pn 接合における電子のポテンシャルエネルギー

11.3.1　階段型 pn 接合

pn 接合の空乏層におけるイオン化不純物分布の様子によって，**図 11.9** に示すように，**傾斜型 pn 接合**と**階段型 pn 接合**に分けることができる．Si にイオン注入を行って作製した pn 接合は，傾斜型 pn 接合で近似することができる．これに対して，GaAs や GaN のエピタキシャル成長を用いて作製した pn 接合は，階段型 pn 接合で近似できる．

本節では，取扱いが比較的簡単な 1 次元の階段型 pn 接合に対して，電子の

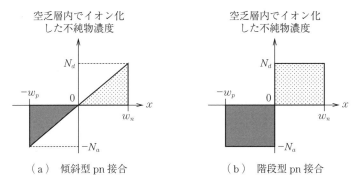

（a）傾斜型 pn 接合　　　　（b）階段型 pn 接合

図 11.9 傾斜型 pn 接合と階段型 pn 接合

ポテンシャルエネルギーを計算しよう。つまり，**図 11.10** に示す pn 接合のエネルギーバンド図において，図中の太線で示した伝導帯端 E_C を計算する。

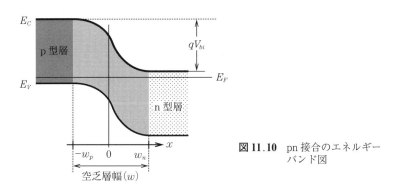

図 11.10 pn 接合のエネルギーバンド図

ここで，**図 11.11** に示すように，この電子に対するポテンシャルエネルギーと**静電ポテンシャル**（電位）は向きが逆であること，さらに，電子のポテンシャルエネルギーでの qV_{bi} は，静電ポテンシャルでの V_{bi} に対応する点に注意してほしい。以上の点を踏まえて，ポアソン方程式を用いて，静電ポテンシャル $\varphi(x)$ を計算しよう。

まず，図 (b) に示すように，x 軸の原点を pn 接合の接合界面に取り，静電ポテンシャル $\varphi(x)$ を示す y 軸の原点を p 型層の中性領域の静電ポテンシャルとする。つまり，p 型層の空乏層端を $x = -w_p$ とすれば，$\varphi(-w_p) = 0$ で

11.3 階段型 pn 接合における電子のポテンシャルエネルギー　　149

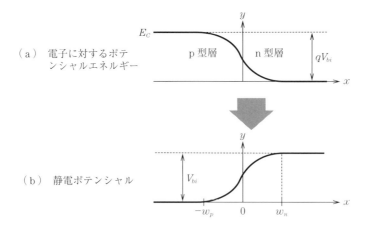

図 11.11 電子に対するポテンシャルエネルギーと静電ポテンシャル

ある。また，n 型層側の空乏層端を $x = w_n$ とする。

11.3.2 ポアソン方程式と電荷密度

1 次元のポアソン方程式は，静電ポテンシャル $\varphi(x)$，電荷密度 $\rho(x)$，半導体の誘電率 ε_s を用いて

$$\frac{d^2\varphi(x)}{dx^2} = -\frac{\rho(x)}{\varepsilon_s} \tag{11.2}$$

である。

ここで，p 型中性領域では，アクセプタと正孔が同数なので

$$\rho(x) = 0 \quad (x \leq -w_p)$$

となる。同様に，n 型中性領域においても

$$\rho(x) = 0 \quad (x \geq w_n)$$

が得られる。

次に，空乏層内では，イオン化したアクセプタおよびイオン化したドナーが存在するので

$$\rho(x) = \begin{cases} -qN_a & (-w_p \leq x \leq 0) \\ qN_d & (0 \leq x \leq w_n) \end{cases}$$

が得られる。したがって、ポアソン方程式 (11.2) は

$$\frac{d^2\varphi(x)}{dx^2} = \begin{cases} \dfrac{qN_a}{\varepsilon_s} & (-w_p \leqq x \leqq 0) \\ -\dfrac{qN_d}{\varepsilon_s} & (0 \leqq x \leqq w_n) \\ 0 & (x \leqq -w_p,\ x \geqq w_n) \end{cases} \quad (11.3)$$

となる。次に、このポアソン方程式 (11.3) を、境界条件を使って順次積分する。空乏層内のイオン化した不純物濃度、電界強度の絶対値、静電ポテンシャルを**図 11.12** に示す。

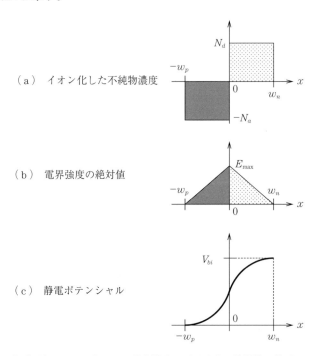

図 11.12 空乏層内のイオン化した不純物濃度、電界強度の絶対値、静電ポテンシャル

11.3.3　静電ポテンシャルの計算

まず、中性領域においては、電界 $E = 0$ であるから、$x = w_n$ あるいは $x = -w_p$ において、$d\varphi(x)/dx = 0$ となる。この境界条件を用いて、式 (11.3) を積分すると

11.3 階段型 pn 接合における電子のポテンシャルエネルギー

$$\frac{d\varphi(x)}{dx} = \begin{cases} \dfrac{qN_a}{\varepsilon_s}(x+w_p) & (-w_p \leq x \leq 0) \\ -\dfrac{qN_d}{\varepsilon_s}(x-w_n) & (0 \leq x \leq w_n) \\ 0 & (x \leq -w_p,\ x \geq w_n) \end{cases} \quad (11.4)$$

が得られる。

次に，静電ポテンシャル $\varphi(x)$ の原点は p 型層の中性領域にあることから，$\varphi(-w_p)=0$，n 型層において $\varphi(w_n) = V_{bi}$ の二つの境界条件がある。これらの境界条件を使って，式 (11.4) を積分すると

$$\varphi(x) = \begin{cases} 0 & (x \leq -w_p) \\ \dfrac{qN_a}{2\varepsilon_s}(x+w_p)^2 & (-w_p \leq x \leq 0) \\ -\dfrac{qN_d}{2\varepsilon_s}(x-w_n)^2 + V_{bi} & (0 \leq x \leq w_n) \\ V_{bi} & (w_n \leq x) \end{cases} \quad (11.5)$$

となる。

ここで，式 (11.5) の $\varphi(x)$ は $x=0$ で連続でなければならない条件から

$$V_{bi} = \frac{qN_d}{2\varepsilon_s}w_n^2 + \frac{qN_a}{2\varepsilon_s}w_p^2 \quad (11.6)$$

が得られる。

さらに，w_n と w_p を求めるために，**電荷中性条件**を利用する。電荷中性条件とは，pn 接合が全体として中性になる条件である。中性領域ではイオン化不純物濃度とキャリア濃度が等しいので，図 11.12（a）に示した空乏層内のイオン化した不純物に対して中性となればよい。したがって，この電荷中性条件は

$$N_a w_p = N_d w_n \quad (11.7)$$

となる。この電荷中性条件の式 (11.7) と V_{bi} の式 (11.6) を使うことにより

$$w_n = \left[\frac{2\varepsilon_s V_{bi} N_a}{qN_d(N_a+N_d)}\right]^{1/2}$$

$$w_p = \left[\frac{2\varepsilon_s V_{bi} N_d}{qN_a(N_d+N_a)}\right]^{1/2}$$

が得られる。以上のことから，全空乏層幅 w は

$$w = w_n + w_p = \left[\frac{2\varepsilon_s V_{bi}(N_a + N_d)}{qN_aN_d}\right]^{1/2} \tag{11.8}$$

となる。

11.4　電圧印加時の空乏層幅と接合容量

11.4.1　電圧印加時の空乏層幅

　p型層に正の電圧 V を印加した際には，電圧を印加していないときの $\varphi(x)$ を計算する際に使用した境界条件を入れ替えればよい。つまり，電圧を印加していないときの w の式 (11.8) において，V_{bi} を $(V_{bi} - V)$ に置き換えればよい。したがって

$$w = \left[\frac{2\varepsilon_s(V_{bi} - V)(N_a + N_d)}{qN_aN_d}\right]^{1/2} \tag{11.9}$$

が得られる。式 (11.9) から，$V > 0$ の順方向バイアスを印加した場合には空乏層幅 w が減少し，$V < 0$ の逆方向バイアスを印加した場合には w が増加することがわかる。これらの電圧と空乏層の関係は，図 11.6 や図 11.7 で説明したとおりである。

11.4.2　接　合　容　量

　pn 接合中の単位面積当りの電荷は

$$Q = qN_dw_n = qN_aw_p = \left[\frac{2q\varepsilon_sN_aN_d(V_{bi} - V)}{N_a + N_d}\right]^{1/2} \tag{11.10}$$

で与えられる。そして，単位面積当りの空乏層の容量 C は，$C \equiv dQ/d(-V)$ で定義されるので，式 (11.10) を $(-V)$ で微分することにより

$$C = \left[\frac{q\varepsilon_sN_aN_d}{2(N_a + N_d)(V_{bi} - V)}\right]^{1/2} \tag{11.11}$$

が得られる。式 (11.11) と w の式 (11.9) を見比べると，$C = \varepsilon_s/w$ の関係が成立していることがわかる。したがって，pn 接合における容量 C は平板コンデンサと同じ ε_s/w の式で表すことができる。

11.4.3　C-V 特性を用いた pn 接合ダイオードのパラメータ測定

一般的に，実験で得られた測定値から未知のパラメータを求める場合には，直線関係となる二つの変数を用いることが多い。ここで，C と V が変数である式 (11.11) を変形して

$$\frac{1}{C^2} = \frac{2(N_a + N_d)}{q\varepsilon_s N_a N_d}(V_{bi} - V) \tag{11.12}$$

が得られる。式 (11.12) のように変形すれば，印加電圧 V と $1/C^2$ は直線関係になる。実際に C と V の関係を測定して，V と $1/C^2$ の関係をプロットすることにより，x 軸との交点である x 切片から V_{bi} を，直線の傾きから $[(N_a + N_d)/(N_a N_d)]$ を求めることができる。さらに，$N_a \gg N_d$ であることがわかっている場合には，$[(N_a + N_d)/(N_a N_d)] \cong 1/N_d$ となるので，n 型層におけるドナー濃度を決定することができる。GaN で作製した階段型 pn 接合ダイオードの C-V 特性の測定例を図 **11.13** に示す。そして，得られた測定値から $1/C^2$-V 特性に変換することにより V_{bi} や $[(N_a + N_d)/(N_a N_d)]$ を求める方法を図 **11.14** に示すので，参考にしてほしい。

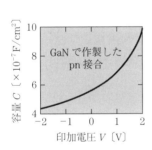

図 **11.13**　階段型 pn 接合の C-V 特性の例

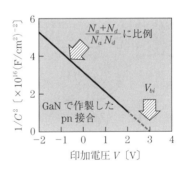

図 **11.14**　拡散電位および不純物濃度の求め方

11.5　pn 接合における順方向バイアス時の拡散電流

次に，pn 接合ダイオードを流れる電流を計算してみよう。この計算を簡単に行

うために,第9章での計算と同様に,キャリアの分布をボルツマン分布で近似する。そして,多数キャリアの濃度が変化しない程度の低い電流密度を想定する。

11.5.1 順方向バイアス時における空乏層端での少数キャリア濃度

まずは,$V=0$ での空乏層端における電子濃度を考える。$V=0$ では,電流が流れていないので,p型中性領域における少数キャリアである電子の濃度は一定であり,平衡時の濃度 n_{p0} となる。図 11.15(a)のエネルギーバンド図で示すように,n型層における多数キャリアである電子に比べて,p型層における少数キャリアである電子のポテンシャルエネルギーは,qV_{bi} だけ高いことがわかる。したがって,ボルツマン分布を用いることにより

$$\frac{n_{p0}}{n_{n0}} = \exp\left(-\frac{qV_{bi}}{k_B T}\right) \tag{11.13}$$

と表すことができる。

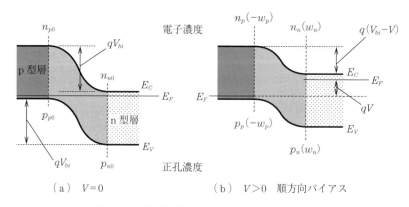

(a) $V=0$ (b) $V>0$ 順方向バイアス

図 11.15 空乏層端におけるキャリア濃度の比較

次に,$V>0$ では電流が流れるので,熱平衡状態とは異なり,空乏層端における電子濃度が変化する。このときのn型層およびp型層の空乏層端における電子濃度を,それぞれ,$n_n(w_n)$ および $n_p(-w_p)$ とする。この様子を図(b)のエネルギーバンド図で示した。p型層における少数キャリアである電子のポテンシャルエネルギーは,n型層の電子に比べて $q(V_{bi}-V)$ だけ高く

なることから，式 (11.13) と同様に

$$\frac{n_p(-w_p)}{n_n(w_n)} = \exp\left[-\frac{q(V_{bi} - V)}{k_B T}\right] \tag{11.14}$$

が得られる。

　ここで，電流密度が高くないので，電流が流れても空乏層端における多数キャリア濃度はほとんど変化しない。したがって，$V > 0$ でも多数キャリア濃度は平衡時の濃度と同じである。つまり

$$n_n(w_n) = n_{n0} \tag{11.15}$$

と近似できる。以上の式 (11.13)～(11.15) を使うことにより

$$n_p(-w_p) = n_{p0} \exp\left(\frac{qV}{k_B T}\right) \tag{11.16}$$

を得ることができる。式 (11.16) は，「順方向バイアス V を印加して電流を流すことにより，p 型中性領域における熱平衡状態の少数キャリア濃度に比べて，空乏層端の少数キャリア濃度はボルツマン因子だけ増加する」ことを示している。

　同様に，n 型層の空乏層端での正孔濃度 $p_n(w_n)$ は

$$p_n(w_n) = p_{n0} \exp\left(\frac{qV}{k_B T}\right) \tag{11.17}$$

で与えられる。

11.5.2　順方向バイアス時の拡散電流

　まず，n 型中性領域では電界 $E = 0$ なので，ドリフト電流はない。また，光などが照射されていないので，キャリアは生成していない。したがって，n 型中性領域における少数キャリアの連続の式 (10.28) では，少数キャリアである正孔の消滅と n 型層の奥へ向かう正孔の拡散だけを考えればよい。そこで，n 型中性領域における少数キャリアの連続の式は

$$\frac{\partial p_n(x)}{\partial t} = -\frac{p_n(x) - p_{n0}}{\tau_p} + D_p \frac{\partial^2 p_n(x)}{\partial x^2}$$

となる。定常状態では $\partial p_n/\partial t = 0$ なので，【例題 10.2】の解答である式 (10.32) を活用できる。ただし，ここでは，n 型中性領域における正孔の拡散を考えて

いるので，$x \geqq w_n$ での関係式を求めることになる。したがって，$x = 0$ が原点である【例題 10.2】の解答とは，原点の位置が異なっていることに注意して

$$p_n(x) = p_{n0} + [p_n(w_n) - p_{n0}] \exp\left(-\frac{x - w_n}{L_p}\right) \quad (11.18)$$

$$[ただし，L_p = (D_p \tau_p)^{1/2}]$$

が得られる。ここで，11.5.1 項で求めた $p_n(w_n)$ の式 (11.17) を上記の式 (11.18) に代入して

$$p_n(x) = p_{n0} + p_{n0} \exp\left(-\frac{x - w_n}{L_p}\right)\left[\exp\left(\frac{qV}{k_B T}\right) - 1\right] \quad (11.19)$$

となる。

$x \leqq -w_p$ の p 型層の中性領域において，p 型層における少数キャリアである電子にとっても同様に

$$n_p(x) = n_{p0} + n_{p0} \exp\left(\frac{x + w_p}{L_n}\right)\left[\exp\left(\frac{qV}{k_B T}\right) - 1\right] \quad (11.20)$$

$$[ただし，L_n = (D_n \tau_n)^{1/2}]$$

が成り立つ。このようにして計算した少数キャリア分布を**図 11.16** に示す。

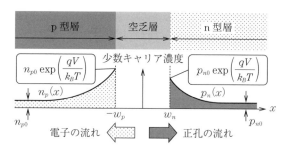

図 11.16 順方向バイアス時における定常状態での少数キャリア濃度

次に，これらの少数キャリアの濃度分布を用いて pn 接合ダイオードに流れる電流を計算しよう。ここでは，空乏層内におけるキャリアの再結合を無視することにする。この場合には，空乏層内での電子と正孔による電流は一定となる。また，電流密度は半導体内で一定なので，空乏層内の電子と正孔による電流密度の合計が，半導体中を流れる全電流密度となる。

11.5 pn接合における順方向バイアス時の拡散電流

まず，n型層における少数キャリアである正孔の電流密度 $J_p(x)$ は，正孔濃度の式 (11.19) を拡散電流密度の定義式 (10.4) に代入することより，式 (11.21) のように表すことができる。

$$J_p(x) = \frac{qD_p p_{no}}{L_p} \exp\left(-\frac{x - w_n}{L_p}\right)\left[\exp\left(\frac{qV}{k_B T}\right) - 1\right] \quad (11.21)$$

このn型層における $J_p(x)$ を図11.17に示す。式 (11.21) と同様にしてp型層における電子の拡散電流密度 $J_n(x)$ を求めることができるので，この $J_n(x)$ も図に示している。

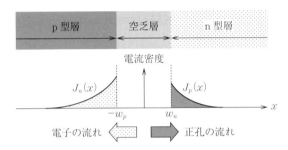

図11.17 順方向バイアス時における中性領域での拡散電流密度

また，n型層における空乏層端 $x = w_n$ での少数キャリアである正孔の拡散電流密度 $J_p(w_n)$ は，式 (11.21) に $x = w_n$ を代入することにより

$$J_p(w_n) = \frac{qD_p p_{no}}{L_p}\left[\exp\left(\frac{qV}{k_B T}\right) - 1\right] \quad (11.22)$$

となる。同様に，p型層における空乏層端 $x = -w_p$ での少数キャリアである電子の拡散電流密度 $J_n(-w_p)$ は

$$J_n(-w_p) = \frac{qD_n n_{po}}{L_n}\left[\exp\left(\frac{qV}{k_B T}\right) - 1\right] \quad (11.23)$$

となる。空乏層内におけるキャリアの再結合は無視できると仮定しているので，空乏層内での全電流密度 J_{diff} は空乏層端における $J_p(w_n)$ と $J_n(-w_p)$ の和となる。したがって，式 (11.22)，(11.23) を用いて

$$J_{\text{diff}} = J_p(w_n) + J_n(-w_p)$$

$$= q\left(\frac{D_p p_{no}}{L_p} + \frac{D_n n_{po}}{L_n}\right)\left[\exp\left(\frac{qV}{k_B T}\right) - 1\right] \tag{11.24}$$

で表すことができる。この様子を図 11.18 に示す。

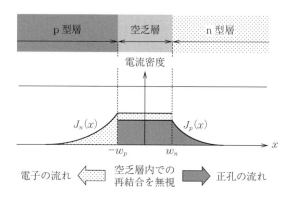

図 11.18 順方向バイアス時における空乏層領域での電流密度

ここで，$J_{\text{sat}} = q[(D_p p_{no})/L_p + (D_n n_{po})/L_n]$ とおくと，式 (11.24) は

$$J_{\text{diff}} = J_{\text{sat}}\left[\exp\left(\frac{qV}{k_B T}\right) - 1\right] \tag{11.25}$$

と表すことができる。式 (11.25) は，$V < 0$ でも成立する。そこで，十分に大きな逆方向バイアスでは，$J_{\text{diff}} = -J_{\text{sat}}$ となるので，J_{sat} は**逆方向飽和電流密度**と呼ばれている。また，空乏層以外でも電流密度は一定でなければならな

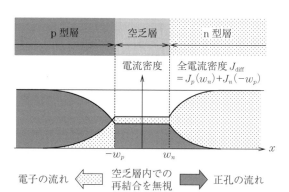

図 11.19 順方向バイアス時における定常状態での全電流密度

いので，半導体内のどこでも式 (11.25) で示した空乏層中の全電流密度 J_{diff} に対応する電流が流れている。このことは，**図 11.19** に示すように，半導体の中の位置によって電流の担い手が変化していることに対応している。

11.6 実際の pn 接合ダイオードの特性

11.5 節では，空乏層内におけるキャリアの再結合が無視できる理想的な状態を仮定して，pn 接合ダイオードの I-V 特性を考察した。実際には，空乏層内においてキャリアが再結合する場合もある。このように空乏層内でキャリアが再結合する場合の電流密度 J_{rec} は

$$J_{\text{rec}} \propto \exp\left(\frac{qV}{2\,k_BT}\right) \tag{11.26}$$

と表すことができる。したがって，ダイオードを流れる電流密度は，式 (11.25) で示した拡散電流密度と，式 (11.26) で示した再結合電流密度の和となる。順方向バイアス V が $V > 3\,k_BT/q$ を満たす場合は $\exp[qV/(k_BT)] \gg 1$ であるので，全電流密度 J_{total} は，α と β を定数として

$$J_{\text{total}} = \alpha \exp\left(\frac{qV}{k_BT}\right) + \beta \exp\left(\frac{qV}{2\,k_BT}\right) \tag{11.27}$$

という形で表すことができる。式 (11.27) は，**理想係数**（**理想因子**，あるいは ***n* 値**とも呼ぶ）n を用いることにより

$$J_{\text{total}} \propto \exp\left(\frac{qV}{nk_BT}\right) \tag{11.28}$$

と表すことができる。ただし，式 (11.27) からわかるように，$n \geqq 1$ である。上記の式 (11.28) は，測定した $\log J$ と V の間の直線関係から n 値を求めることができることを示している。その例として，GaN で作製した pn 接合ダイオードの順方向 I-V 特性の例を**図 11.20** に示す。

図中の点線で示した直線から $n = 2.0$ が得られるので，この pn 接合ダイオードでは再結合電流が支配的であることがわかる。なお，図の高い電流密度領域では，$\log J$ と V の間に直線関係が成立していない。これは，pn 接合ダイ

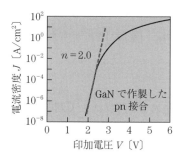

図 11.20　GaN で作製した pn 接合ダイオードの順方向 I-V 特性の例

オードに対して直列の位置に入っている抵抗の影響により，ダイオード自体に印加される電圧が実効的に低くなることが原因である．つまり，この**直列抵抗**の影響により，高電流密度領域での n 値が大きくなっている．また，実際の pn 接合ダイオードでは，拡散電流と再結合電流以外の電流成分も含まれることがあり，$n > 2$ の要因になる．例えば，pn 接合領域ではなく半導体の表面を流れる**表面漏れ電流**，あるいは，n 型層の伝導帯から p 型層の価電子帯へ電子が通り抜けることによる**トンネル電流**の影響により，$n > 2$ となる場合がある．

11.7　ショットキー接合

11.7.1　順方向バイアス時の電流

金属と半導体の接合には，**オーミック接合**と**ショットキー接合**がある．オーミック接合は，I-V 特性がオームの法則に従う接合である．n 型 GaAs 半導体に対するオーミック接合用の金属には，AuGeNi 合金が用いられる．これに対して，ショットキー接合は，**図 11.21**（a）に示すように，I-V 特性に整流性のある接合である．このように，ショットキーダイオードの I-V 特性は，pn 接合ダイオードと似た整流性を示す．n 型 GaAs に対するショットキー接合用の金属には，Au が用いられる．以上のように，半導体に接合させる金属の種類によって，オーミック接合とショットキー接合の作り分けができる．

本節では，n 型半導体を用いた**ショットキーダイオード**について紹介する．このショットキーダイオードの構造例を図（b）に示す．

11.7 ショットキー接合

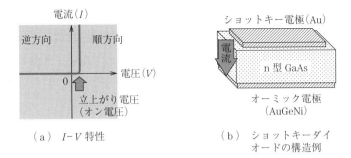

(a) I-V 特性

(b) ショットキーダイオードの構造例

図 11.21 ショットキーダイオードの I-V 特性と構造例

11.7.2 ショットキー接合の形成

接合前の n 型半導体のエネルギーバンド図を図 11.22（b）に示す。ここで，**電子親和力**（χ）は，半導体の伝導帯端 E_c と**真空準位**の差である。真空準位とは，半導体中の電子が半導体の影響を受けなくなるエネルギー準位であり，半導体から無限に離れた点におけるポテンシャルエネルギーに相当する。つまり，電子親和力は半導体中の電子を外部に取り出すエネルギーに対応しており，この電子親和力の大きさは半導体材料に依存している。また，接合前のショットキー電極となる金属のエネルギーバンド図を図（a）に示す。

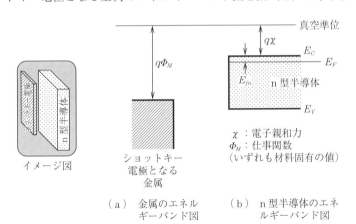

(a) 金属のエネルギーバンド図

(b) n 型半導体のエネルギーバンド図

図 11.22 接合前の金属のエネルギーバンド図および n 型半導体

金属にはバンドギャップがないので，電子のエネルギーの最大値がフェルミ準位 E_F となる。このため，金属の**仕事関数**（Φ_M）とは，金属のフェルミ準位 E_F と真空準位の差であり，金属中の電子を外部に取り出すエネルギーに対応している。この仕事関数の大きさは金属材料に依存する。

これらの n 型半導体と金属を接合したショットキーダイオードのエネルギーバンド図を**図 11.23** に示す。ショットキーダイオードの特性は，ショットキー電極を形成する金属と n 型半導体の接合によって決まる。そこで，エネルギーバンド図では，ショットキー電極を形成する金属と n 型半導体の接合部分だけを示し，通常は，オーミック電極と n 型半導体の接合部分は示さない。図に示すように，n 型半導体と金属の E_F が一致するまで，n 型半導体から金属へ電子が拡散する。このような電子の拡散現象は pn 接合の場合と同じであり，n 型半導体中に空乏層が形成され，拡散電位 V_{bi} が発生する。なお，金属側のエネルギーバンド図は接合前後で変化しない。

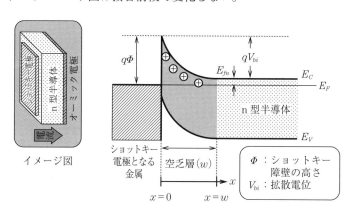

図 11.23 ショットキーダイオードのエネルギーバンド図

ここで，ショットキーダイオードにおける**ショットキー障壁**の高さ Φ は，図 11.22 および図 11.23 を参照することにより

$$q\Phi = q\Phi_M - q\chi = qV_{bi} + E_{fn}$$

で表すことができる。このショットキー障壁の高さ Φ があるために，ショットキーダイオードの I-V 特性に整流性が発生する。また，金属側に $|qV|$

($V < 0$) の逆方向バイアスを加えた際の，エネルギーバンド図を**図 11.24** に示す．このような逆方向バイアスを印加した場合には，金属のエネルギーバンド図は変化しないが，n 型半導体では空乏層が広がることがわかる．

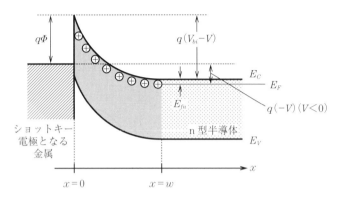

図 11.24 逆方向バイアス時のエネルギーバンド図

11.7.3 空乏層中の静電ポテンシャルの計算

11.3 節で説明した pn 接合の場合と同様に，1 次元のモデルを用いて，図 11.24 における n 型半導体の伝導帯端 E_c に対応する静電ポテンシャル $\varphi(x)$ を計算する．この計算では，金属と n 型半導体の接合界面を $x = 0$ とし，$x = 0$ での静電ポテンシャル $\varphi(x)$ を原点とする．つまり，$\varphi(0) = 0$ である．また，空乏層の厚さを w とする．

ここで，ポアソン方程式は

$$\frac{d^2\varphi(x)}{dx^2} = -\frac{\rho(x)}{\varepsilon_s} \qquad \text{再掲式}(11.2)$$

である．**図 11.25**（a）に示すような空乏層内のイオン化したドナー濃度 N_d が一定のショットキーダイオードでは

$$\frac{d^2\varphi(x)}{dx^2} = \begin{cases} -\dfrac{qN_d}{\varepsilon_s} & (0 \leqq x \leqq w) \\ 0 & (x \geqq w) \end{cases} \qquad (11.29)$$

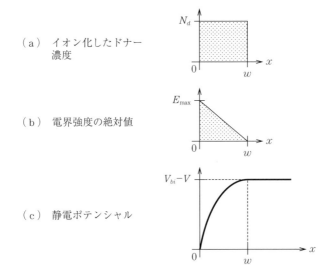

図 11.25 空乏層内のイオン化したドナー濃度，電界強度の絶対値，静電ポテンシャル

が成り立つ．次に，境界条件を使い，この微分方程式 (11.29) を順次積分する．

まず，n 型中性領域では電界がないことから，図（b）に示すように，$x = w$ において $d\varphi(x)/dx = 0$ である．この境界条件を使って，$0 \leqq x \leqq w$ では

$$\frac{d\varphi(x)}{dx} = -\frac{qN_d}{\varepsilon_s}(x - w) \tag{11.30}$$

となる．次に，図（c）に示すように，空乏層端 $(x = w)$ において $\varphi(w) = V_{bi} - V$ であるので，このことを考慮して式 (11.30) を積分することにより

$$\varphi(x) = -\frac{qN_d}{2\varepsilon_s}(x - w)^2 + V_{bi} - V \tag{11.31}$$

が得られる．ここで，$\varphi(0) = 0$ の条件を式 (11.31) に代入することにより，空乏層幅 w は

$$w = \left[\frac{2\varepsilon_s(V_{bi} - V)}{qN_d}\right]^{1/2} \tag{11.32}$$

となる．pn 接合の場合と同様に，エネルギーバンド図で用いる電子に対するポテンシャルエネルギーと静電ポテンシャルは向きが逆であり，さらにポテンシャルエネルギーの単位が電子ボルト〔eV〕であることに注意してほしい．

これらのことに注意すると，ショットキーダイオードにおける電子のポテンシャルエネルギーは図 11.26（b）のようになる。

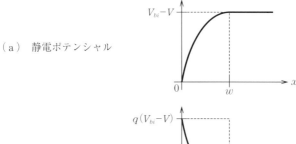

（a） 静電ポテンシャル

（b） 電子に対するポテンシャルエネルギー

図 11.26 静電ポテンシャルと電子に対するポテンシャルエネルギー

11.7.4 ショットキーダイオードの接合容量

単位面積当りの接合容量 C は，電荷密度 $Q = qN_dw$ と式 (11.32) を用いて

$$C \equiv \frac{dQ}{d(-V)} = \left[\frac{q\varepsilon_s N_d}{2(V_{bi} - V)}\right]^{1/2} = \frac{\varepsilon_s}{w} \tag{11.33}$$

である。pn 接合ダイオードと同様に，ショットキーダイオードの接合容量 C も平板コンデンサと同じ ε_s/w の式で表すことができる。この式 (11.33) を変形すると

$$\frac{1}{C^2} = \frac{2(V_{bi} - V)}{q\varepsilon_s N_d} \tag{11.34}$$

が得られる。式 (11.34) は $1/C^2$ と印加電圧 V は直線関係となることを示していることから，$1/C^2$-V 特性において，x 切片は V_{bi} となり，傾きは $1/N_d$ に比例する。したがって，式 (11.34) は，pn 接合ダイオードにおける $1/C^2$-V の式 (11.12) において，$N_a \gg N_d$ の場合に対応している。

11.7.5 ショットキーダイオードの *I-V* 特性

ショットキーダイオードの *I-V* 特性に関しては，n 型半導体における多数キャリアである電子だけを考慮すればよい．実際には，*I-V* 特性には少数キャリアも寄与するが，その寄与分は多数キャリアに比べて無視できるほど小さいからである．また，以下の計算では，電子の分布はボルツマン分布に従うと仮定し，平衡状態を想定する．

まず，印加電圧 $V=0$ では，金属から n 型半導体へ流れる電流密度 $J(M \to S)$ と n 型半導体から金属へ流れる電流密度 $J(S \to M)$ が釣り合っているので

$$J(M \to S) = J(S \to M) \tag{11.35}$$

が成り立っている．

次に，図 11.27 に示すように，金属側に V (>0) を印加した順方向バイアス状態では，n 型半導体中の電子に対する障壁が qV だけ減少するので，n 型半導体中の電子が金属側へ流れる．電子の流れる方向と電流の流れる方向は逆であることに注意すると，ボルツマン分布を想定しているので，$J(M \to S)$ が $\exp[qV/(k_B T)]$ 倍に増加することになる．一方で，金属中の電子に対しては，ショットキー障壁の高さ Φ は変化しないので，$J(S \to M)$ は変化しない．以上のことから，式 (11.35) を用いて，全電流密度 J_{total} は

$$J_{\text{total}} = J(M \to S) \times \exp\left(\frac{qV}{k_B T}\right) - J(S \to M)$$

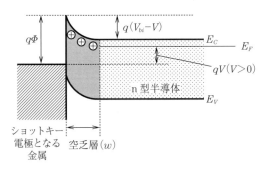

図 11.27 順方向バイアス時のエネルギーバンド図

$$= J(M \rightarrow S) \left[\exp\left(\frac{qV}{k_B T} \right) - 1 \right] \tag{11.36}$$

となる．この式 (11.36) は逆バイアス電圧でも成立するので，$J(M \rightarrow S)$ は逆方向飽和電流密度 J_{sat} となる．このように，pn 接合ダイオードで得られた式 (11.25) と同様な式が得られる．なお，半導体材料に依存する実効**リチャードソン定数** A^* を用いると，逆方向飽和電流密度 J_{sat} は

$$J_{\text{sat}} = A^* T^2 \exp\left(-\frac{q\Phi}{k_B T} \right) \tag{11.37}$$

で与えられる．I-V 特性から J_{sat} を求め，この式 (11.37) を使うことにより，ショットキー障壁の高さ Φ を求めることができる．

演 習 問 題

11.1 電圧を印加していない場合の pn 接合のエネルギーバンド図を示せ．そして，pn 接合ダイオードの特性を決定するパラメータをあげよ．

11.2 順方向バイアス，および逆方向バイアスを印加した場合の pn 接合のエネルギーバンド図を示せ．そして，両者のエネルギーバンド図の差異について説明せよ．

11.3 ドナー濃度が N_d，アクセプタ濃度が N_a の階段型 pn 接合に対するポアソン方程式を示せ．

11.4 階段型 pn 接合に対するポアソン方程式を解く際に必要となる境界条件などをあげよ．

11.5 電圧を印加しないときの pn 接合の空乏層幅は以下の式で与えられる．

$$w = \left[\frac{2\varepsilon_s V_{bi}(N_a + N_d)}{qN_a N_d} \right]^{1/2}$$

この式を使って，p 型層に電圧 V を印加した場合の接合容量を示せ．

11.6 問題 11.5 で得られた容量と電圧の関係から，pn 接合ダイオードのパラメータを測定する方法について述べよ．

11.7 pn 接合ダイオードに電圧を印加しない場合，および順方向バイアス $V(>0)$ を印加した場合に，n 型層と p 型層の空乏層端における正孔濃度の関係を示せ．ただし，キャリアの分布はボルツマン分布に従うとする．そして，これらを用いて，n 型層側の空乏層端における正孔濃度 $p_n(w_n)$ を求めよ．

11.8 n 型層中での正孔濃度は次の式で与えられる．
$$p_n(x) = p_{n0} + [p_n(w_n) - p_{n0}] \exp\left(-\frac{x - w_n}{L_p}\right)$$
この式を使って，空乏層中でのキャリアの再結合が無視できると仮定して，理想的な pn 接合ダイオードにおける電流密度を求めよ．

11.9 理想係数を説明し，実際の pn 接合ダイオードの I-V 特性から理想係数を求める方法について述べよ．

11.10 n 型半導体を用いたショットキーダイオードに電圧を印加していない場合のエネルギーバンド図を示せ．そして，ショットキーダイオードの特性を決定するパラメータを示し，これらのパラメータ間の関係式を示せ．

11.11 電子の分布がボルツマン分布に従うと仮定して，n 型半導体を用いたショットキーダイオードにおける順方向バイアス時の I-V 特性の式を導け．

第12章 トランジスタ

2端子デバイスであるダイオードとは異なり，トランジスタは三つの端子を持つデバイスであるので，増幅作用やスイッチへの応用が可能となる。本章では，初めに，第11章で説明したpn接合を利用したバイポーラトランジスタを紹介する。続いて，同じトランジスタであっても，バイポーラトランジスタとは異なる原理で動作する電界効果トランジスタを紹介する。

12.1 バイポーラトランジスタの構造と動作原理

12.1.1 バイポーラトランジスタの構造

バイポーラトランジスタは，二つのpn接合を逆向きに接続した構造を持つ。したがって，npn型とpnp型の2種類のバイポーラトランジスタがあるが，12.1〜12.3節では，npn型バイポーラトランジスタの性質について紹介しよう。**図12.1**に示すように，このバイポーラトランジスタには，**エミッタ**

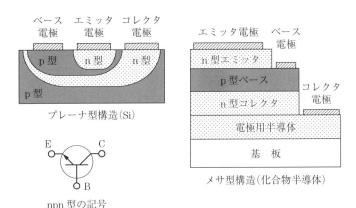

図12.1 npn型バイポーラトランジスタの構造

(E), ベース (B), コレクタ (C) の三つの端子がある。そして, **ベース電流**で, コレクタ-エミッタ間の**コレクタ電流**を制御する電流駆動型デバイスである。バイポーラトランジスタの動作原理を**図 12.2** に示す。npn 型バイポーラトランジスタでは, コレクタ電流は電子による電流（電子電流）であり, ベース電流は正孔による電流（正孔電流）である。また, 本章で使うバイポーラトランジスタに関する記号の説明を**表 12.1** にまとめたので, 適宜参照してほしい。

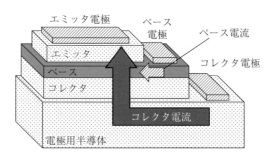

図 12.2 バイポーラトランジスタの動作原理

表 12.1 バイポーラトランジスタに関する記号の説明

記　号	トランジスタ構造に関するパラメータ
I_E, I_B, I_C	エミッタ (E)・ベース (B)・コレクタ (C) を流れる電流〔A〕
N_E, N_B, N_C	エミッタ (E)・ベース (B)・コレクタ (C) における不純物濃度〔cm^{-3}〕
W	ベース層の厚さ（ベース幅）〔cm〕

記　号	半導体材料に関するパラメータ
D_n, D_p	電子・正孔の拡散定数〔cm^2/s〕
L_n, L_p	電子・正孔の拡散長〔cm〕

12.1.2　npn 型バイポーラトランジスタのエミッタ接地回路

バイポーラトランジスタでは, ベース接地回路も使われるが, ここでは電流の増幅作用がある**エミッタ接地回路**について説明しよう。このエミッタ接地回

路では，図 12.3 に示すように，ベース-エミッタ（BE）間には順方向バイアスが印加されているため，エミッタからベースへ電子が注入される。ここで，電子の流れはコレクタ電流の向きとは逆になっていることに注意してほしい。p 型ベースに入った少数キャリアである電子は，ベース中をコレクタ側へ向かって拡散する。コレクタ-ベース（CB）間には逆方向バイアスが印加されているので，ベース中のコレクタ側の端まで届いた電子はコレクタに吸引されることになる。このような電子の流れを図 12.4 に示す。

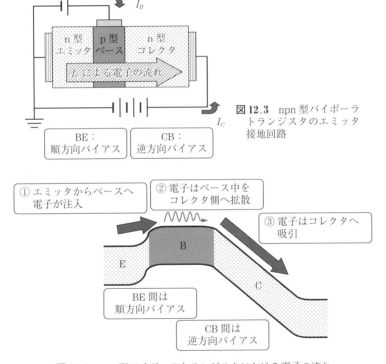

図 12.3　npn 型バイポーラトランジスタのエミッタ接地回路

図 12.4　npn 型バイポーラトランジスタにおける電子の流れ

12.1.3　バイポーラトランジスタにおける増幅作用

バイポーラトランジスタの**電流増幅率**（あるいは**電流利得**）β は，コレクタ

電流 I_C とベース電流 I_B を用いて，$\beta \equiv I_C/I_B$ で定義される。図 12.5 に示すように，npn 型バイポーラトランジスタでは，I_B を流すと I_B の正孔電流がベース中において正の空間電荷として働く。この結果，電子に対するポテンシャルエネルギーが減少する。この減少量を $q\Delta V$ とすると，エミッタからコレクタへの電子の注入量（I_C）はボルツマン因子 $\exp[q\Delta V/(k_B T)]$ だけ増加する。このように，少しの I_B で I_C を大きく変化させることができるので，大きな β を得ることができる。

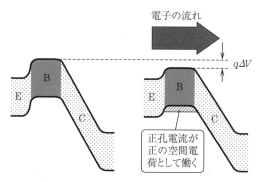

図 12.5 ベース電流によるポテンシャルエネルギーの低下

12.2　バイポーラトランジスタの設計指針

12.2.1　電流成分を決める三つのパラメータ

バイポーラトランジスタにおける電流成分を決めるパラメータは三つある。一つ目は**エミッタ注入効率** γ である。バイポーラトランジスタ中を流れる電流には**電子電流**と**正孔電流**があるが，このエミッタ注入効率 γ は**エミッタ電流** I_E の中における電子電流の割合である。二つ目の**ベース輸送効率** α_T とは，ベースに注入された電子がベースを通過する割合である。三つ目の**コレクタ効率** α_C とは，ベースを通過してコレクタ領域に入った電子がコレクタを渡り切る割合である。次に，これらの三つのパラメータを使って各電流成分を求めてみよう。

12.2.2　npn 型バイポーラトランジスタでの電子の流れと設計指針

npn 型バイポーラトランジスタでは，電子の流れが重要であるので，図 12.6 を使って電子の流れを中心に考察しよう．

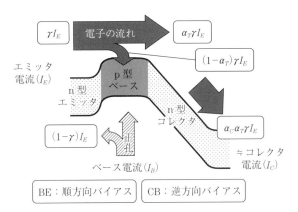

図 12.6 npn 型バイポーラトランジスタにおける電流成分

まず，エミッタ注入効率 γ を用いると，エミッタからベースへ注入する電子電流は γI_E となる．次に，ベース輸送効率 α_T を用いると，ベースを通過する電子電流は $\alpha_T \times \gamma I_E$ となる．ここで，注入された電子がベースで再結合する電流は，ベースを通過する電子電流以外の成分であるから，$(1 - \alpha_T) \times \gamma I_E$ となる．最後に，コレクタを渡り切る電子電流は $\alpha_C \times \alpha_T \gamma I_E$ で表すことができる．

ここで，CB 間には逆方向バイアスが印加されているので，CB 間の逆方向電流は無視できる．したがって

$$I_C = \alpha_C \alpha_T \gamma I_E \tag{12.1}$$

となる．また，図より，I_B はベースにおける再結合電流とエミッタへ向かう正孔電流の和であるので

$$I_B = (1 - \alpha_T)\gamma I_E + (1 - \gamma)I_E = (1 - \alpha_T \gamma)I_E \tag{12.2}$$

となる．式 (12.1)，(12.2) を使うことにより，電流増幅率 β は

$$\beta \equiv \frac{I_C}{I_B} = \frac{\alpha_C \alpha_T \gamma}{1 - \alpha_T \gamma} \tag{12.3}$$

と表せる。ここで，トランジスタを使用する通常の条件では $\alpha_C = 1$ である。そして，$0 \leqq \gamma \leqq 1$ および $0 \leqq \alpha_T \leqq 1$ であり，γ と α_T はそれぞれ独立なパラメータである。したがって，式 (12.3) で表される β を高くするためには，γ と α_T をともに 1 に近づけることが必要となる。

ここで，エミッタ注入効率 γ は

$$\gamma \fallingdotseq \left[1 + \left(\frac{D_p}{D_n}\right)\left(\frac{W}{L_p}\right)\left(\frac{N_B}{N_E}\right)\right]^{-1} \tag{12.4}$$

で与えられる。式 (12.4) において，γ を 1 に近づけるためには，分母の第 2 項である $(D_p/D_n)(W/L_p)(N_B/N_E)$ を 0 に近づける必要がある。この式の中で，L_p，D_n，D_p は半導体材料に依存するパラメータであるのに対して，トランジスタの構造に関するパラメータは，W，N_B，N_E である。そこで，トランジスタの β を高くするためのトランジスタ構造に対する条件は「$N_E \gg N_B$」および「薄い W」となる。

また，ベース輸送効率 α_T は

$$\alpha_T \fallingdotseq 1 - \frac{1}{2}\left(\frac{W}{L_n}\right)^2 \tag{12.5}$$

で与えられる。式 (12.5) において，α_T を 1 に近づけるためのトランジスタ構造に対する条件は「薄い W」となる。このように，γ と α_T をともに 1 に近づけるためのトランジスタの設計指針は，矛盾しないことがわかる。

ここで，エミッタ接地回路では CB 間に逆方向バイアスを印加するので，ベースとコレクタに空乏層が広がることになる。先に述べたように，γ と α_T をともに 1 に近づけるためには，ベースの厚さ W を薄くする必要がある。しかしながら，ベース全体が空乏化するとベース電流を流せなくなるので，トランジスタが動作しなくなる。したがって，空乏層が広がってもベース全体が空乏化しない条件が必要となる。つまり，主にコレクタ側に空乏層を広げる必要がある。ここで，ベースとコレクタの空乏層の厚さを，それぞれ，w_B と w_C とすると，**電荷中性条件**から

$$N_B w_B = N_C w_C \tag{12.6}$$

が成り立つ。ベースにおける空乏層の厚さ w_B をなるべく薄くしたいので，式 (12.6) の関係を用いると，N_C の条件は「$N_B \gg N_C$」となる。

以上をまとめると，高い β を得るためのバイポーラトランジスタの構造に対する条件は「$N_E \gg N_B \gg N_C$」および「薄い W」となる。

一方で，電子の**拡散定数** $D_n = (\mu_n k_B T)/q$ が大きな材料では，**キャリアの拡散長** $L_n = (D_n \tau_n)^{1/2}$ の値も大きくなるので，式 (12.4) の γ および式 (12.5) の α_T を1に近づけることができる。したがって，高い β を得るためには，電子の移動度 μ_n の高い半導体材料を選択する必要がある。

12.3 エミッタ接地回路の I-V 特性

図 12.7 に示すように，エミッタ接地回路では，ベース電流 I_B を変化させたときのコレクタ電流 I_C とコレクタ-エミッタ (CE) 間電圧 V_{CE} の関係を用いる。ここで，V_{CE} はコレクタ-ベース (CB) 間電圧 V_{CB} とベース-エミッタ (BE) 間電圧 V_{BE} に分けることができ

$$V_{CE} = V_{CB} + V_{BE} \tag{12.7}$$

と表すことができる。式 (12.7) において，$V_{BE} > 0$ のときには BE 間は順方向バイアスであり，エミッタからベースへ電子が注入される。I_C を制御するためには，I_B を流さなければならないので，式 (12.7) において，つねに $V_{BE} \geqq 0$ でなければならない。一方で，式 (12.7) において，$V_{CB} > 0$ のときには，CB 間のダイオードは逆方向バイアス状態であることに注意してほしい。

次に，図に示すエミッタ接地回路での I-V 特性を説明する。まず，V_{CE} が

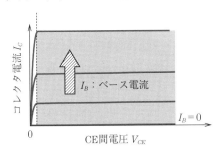

図 12.7 エミッタ接地回路での I-V 特性の例

高い領域では，I_B が一定であれば V_{BE} は一定であるので，V_{CE} とともに BC 間の逆方向バイアス V_{CB} が増加する．図 12.4 に示したように，この V_{CB} は電子を吸い取るだけの役割であるため，I_C はベースを通過した電子による電流だけで決定される．つまり，図 12.7 の灰色の部分で示すように，この領域での I_C は I_B によって決まるので，V_{CE} に依存せずに一定の値となる．

一方で，$V_{BE} > 0$ でなければならないので，図 12.7 の点線よりも低い V_{CE} の領域では $V_{CB} < 0$ となる．この領域では，CB 間には順方向バイアスが印加されるので，コレクタからベース方向のコレクタ電流 I_C とは逆方向の電流成分が発生する．そして，V_{CE} を増加させると，CB 間に印加された順方向バイアスは減少するので，I_C とは逆方向に流れていた電流成分が減少する．したがって，図 12.7 の点線よりも低い V_{CE} の領域では，V_{CE} の増加とともに I_C が増加することになる．

12.4 電界効果トランジスタの構造と動作原理

12.4.1 電界効果トランジスタの構造

電界効果トランジスタ（Field Effect Transistor）は **FET** とも呼ばれ，**ソース**（S），**ゲート**（G），**ドレイン**（D）からなる 3 端子デバイスである．この FET は，**ゲート電圧** V_{GS} でドレイン-ソース間の**ドレイン電流** I_{DS} を制御する電圧駆動型デバイスである．**図 12.8** に示すように，FET には **MOSFET**

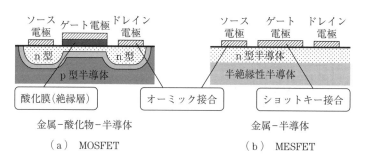

図 12.8 電界効果トランジスタの構造

(Metal-Oxide-Semiconductor FET) と **MESFET**（MEtal-Semiconductor FET）などがある。これらの名称はゲートにおける構造を反映している。なお，本節および 12.5 節では，n チャネル MOSFET の性質を紹介する。また，本節および 12.5 節で用いる FET に関する記号を**表 12.2** にまとめたので，適宜参照してほしい。

表 12.2 電界効果トランジスタ（FET）に関する記号

I_{DS}	ドレイン-ソース間電流（ドレイン電流）〔A〕
V_{DS}	ドレイン-ソース間電圧（ドレイン電圧）〔V〕
V_{GS}	ゲート-ソース間電圧（ゲート電圧）〔V〕
V_{th}	しきい電圧〔V〕
Q_{SC}	空乏層中の空間電荷密度〔C/cm^2〕
Q_C	表面反転層中の電子密度〔C/cm^2〕
C_{OX}	単位面積当りの酸化膜の静電容量〔F/cm^2〕

12.4.2　n チャネル MOSFET（n 型 MOSFET）の動作原理

n チャネル MOSFET（あるいは **n 型 MOSFET**）の構造例を**図 12.9** に示す。この n 型 MOSFET は，p 型半導体の中に n 型領域のドレイン領域とソース領域を作って，電子による電流だけを利用した FET である。したがって，

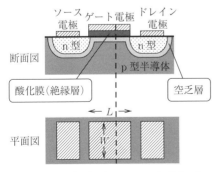

図 12.9　n 型 MOSFET の構造

W：ゲート幅〔cm〕，L：ゲート長〔cm〕

電子と正孔の二つのキャリアを利用したバイポーラトランジスタとは異なることに注意してほしい。

ドレイン領域およびソース領域はn型層であるので，周りのp型半導体との間には拡散電位が存在する。このため，ドレインとp型半導体の間，およびソースとp型半導体の間には電流は流れず，電気的に絶縁されている。

図 12.10 と図 12.11 は，図 12.9 における破線で示したゲート電極下の領域に対応するエネルギーバンド図を示している。図 12.10 はゲート電圧 V_{GS} が低い場合のエネルギーバンド図であり，ゲート電極下のp型層は空乏化して

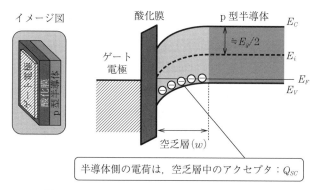

図 12.10　ゲート電圧 V_{GS} が低い場合のエネルギーバンド図

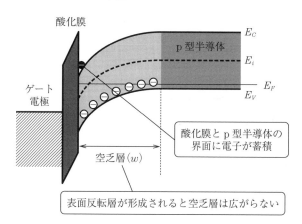

図 12.11　ゲート電圧 V_{GS} が高い場合のエネルギーバンド図

いる。したがって、図12.10の紙面に垂直な方向にドレイン電流I_{DS}を流すことができない。これに対して、ゲートにある程度大きな正の電圧を印加した場合には、図12.11に示すように、酸化膜と半導体層の界面において$E_F > E_i$となる。E_iは**真性フェルミ準位**であり、電子濃度と正孔濃度が同じ値になるフェルミ準位である。

ここで、9.4.4項で求めたように、電子濃度nは、真性フェルミ準位E_iを用いて

$$n = n_i \exp\left(\frac{E_F - E_i}{k_B T}\right) \qquad 再掲式(9.21)$$

で表すことができるので、$E_F > E_i$では、nの値が真性キャリア濃度n_iよりも大きくなる。この結果、図12.11に示すように、酸化膜と半導体層の界面に電子が蓄積することになり、この界面付近だけがn型の伝導層になる。このように、もともとはp型半導体であるのに電子濃度が高くなるので、この界面付近のn型の伝導層のことを**表面反転層**と呼ぶ。この表面反転層が形成されると、図12.10の紙面に垂直な方向にドレイン電流I_{DS}を流すことができる。

表面反転層を形成しはじめるゲート電圧をV_{th}とすれば、$V_{GS} \leq V_{th}$ではI_{DS}が流れず、$V_{GS} \geq V_{th}$でI_{DS}が流れることになる。このようなことから、このV_{th}は**しきい電圧**と呼ばれる。また、表面反転層に沿ってソースからドレインへ電子が流れるので、この電子が流れる領域を**チャネル層**と呼ぶ。以上のように、FETにおいては、ゲート電圧V_{GS}でドレイン電流I_{DS}を制御することになる。

12.4.3 ゲート電極下の全電荷密度とゲート電圧の関係

図12.11に示したように、ゲート電極下に存在する電荷は2種類ある。一つは、空乏層中のイオン化したアクセプタであり、この電荷は動くことはできない。この空間電荷密度をQ_{SC}とする。もう一つは、表面反転層中の電子であり、この電子は動くことができる。この電子密度をQ_Cとする。そして、全電荷密度Qは、いずれも負の電荷なので絶対値を付けて表すと

$$|Q| = |Q_{SC}| + |Q_C| \tag{12.8}$$

となる。

まず，$V_{GS} \leqq V_{th}$ の場合は，表面反転層がないので，$Q_C = 0$ である。したがって，式 (12.8) は

$$|Q| = |Q_{SC}| \tag{12.9}$$

となり，ドレイン-ソース（DS）間は高抵抗になる。次に，V_{GS} を増加させると，ゲート電極下のp型半導体における空乏層幅 w が広がるので，$|Q_{SC}|$ は飽和傾向を示しながら増加する。この状態では，表面反転層は形成されていないので，$Q_C = 0$ のままである。

さらに，V_{GS} が増加して $V_{GS} \geqq V_{th}$ となると，表面反転層が形成される。このような V_{GS} の領域では，電子密度 $|Q_C|$ は，平板コンデンサと同じように

$$|Q_C| = C_{ox}(V_{GS} - V_{th}) = \frac{\varepsilon_{ox}}{d_{ox}}(V_{GS} - V_{th}) \tag{12.10}$$

で表すことができる。ただし，ε_{ox} は酸化膜の誘電率であり，d_{ox} は酸化膜の厚さである。この場合，表面反転層が形成されるため，DS 間の抵抗が減少する。また，$V_{GS} \geqq V_{th}$ では $|Q_{SC}|$ は一定となり，V_{GS} に対して $|Q_C|$ だけが式 (12.10) に従って変化することになる。V_{GS} と DS 間のチャネル抵抗の関係を **図 12.12** に示す。また，式 (12.8)〜(12.10) を使うことにより，V_{GS} と電荷密

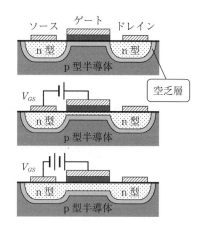

(a) $V_{GS} \leqq V_{th}$ ($V_{GS} - V_{th} \leqq 0$)
DS 間は高抵抗

(b) $V_{GS} \geqq V_{th}$ ($V_{GS} - V_{th} \geqq 0$)
表面反転層が形成

(c) $V_{GS} \gg V_{th}$ ($V_{GS} - V_{th} \gg 0$)
DS 間の抵抗がさらに減少

図 12.12 n 型 MOSFET のゲート電圧 V_{GS} と表面反転層の関係

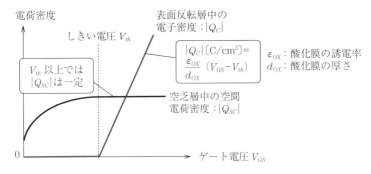

図 12.13 ゲート電圧 V_{GS} と半導体内の電荷密度の関係

度の関係を**図 12.13** にまとめたので参考にしてほしい。

12.4.4　n 型 MOSFET の基本特性

12.4.3 項ではゲート電圧 V_{GS} だけを印加した場合を考えたが，ドレイン電流 I_{DS} を流すためには，ドレイン電圧 V_{DS} を印加する必要がある。そこで，V_{DS} を印加した影響を考てみよう。**図 12.14** に示すように，この V_{DS} を印加するとドレイン側の電子のポテンシャルエネルギーが低くなるので，V_{GS} が相対的に減少することにつながる。そして，V_{GS} は図の z 軸方向に印加するのに対して，V_{DS} は図の x 軸方向に印加するので，ゲート電極下の表面反転層の厚さは一様でなくなる。つまり，ゲート電極下の表面反転層はソース側からドレイン側に向かって縮小することになる。

ここで，$V_{GS} - V_{th}(>0)$ を一定にして，**図 12.15** を使うことにより V_{DS} を

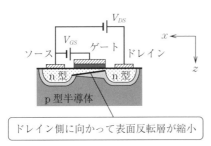

図 12.14 ドレイン電圧 V_{DS} を印加した場合のエネルギーバンド図

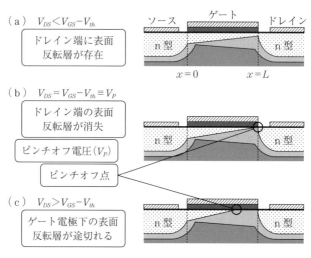

図 12.15　ドレイン電圧 V_{DS} と表面反転層の関係

変化させた場合の表面反転層の形状を考えよう．まず，図（a）で示すように，$V_{DS} < V_{GS} - V_{th}$ では，ドレイン端での表面反転層が小さくなっているが，ドレイン端にも表面反転層が存在している状況である．次に，$V_{DS} = V_{GS} - V_{th}$ となった場合は，図（b）で示すように，ドレイン端の表面反転層が消失する．このときの V_{DS} を**ピンチオフ電圧** V_P と呼び，表面反転層が消失した点を**ピンチオフ点**と呼ぶ．さらに V_{DS} を大きくして，$V_{DS} > V_{GS} - V_{th}$ となった場合には，ピンチオフ点がソース側に移動し，ゲート電極下の表面反転層が途切れることになる．この様子を図（c）に示す．

さらに，$V_{DS} > V_P$ におけるドレイン電流 I_{DS} について考えてみよう．**図**

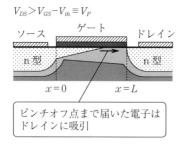

図 12.16　ドレイン電圧 V_{DS} がピンチオフ電圧 V_P よりも大きい場合のドレイン電流 I_{DS}

12.16 に示すように，ドレインでの電位がピンチオフ点での電位よりも高いので，ピンチオフ点まで届いた電子はドレインに吸引される。このことは，バイポーラトランジスタにおいて，コレクタ-ベース間の逆方向バイアスで電子がコレクタへ吸い取られるのと似た現象である。このようなことから，I_{DS} は $V_{DS} = V_p$ での I_{DS} の値よりも大きくならない。この結果，$V_{DS} > V_P$ では I_{DS} は V_{DS} に依存せずに一定の値を取る。

12.5 電界効果トランジスタの I-V 特性

12.5.1 MOSFET の I-V 特性

MOSFET における I-V 特性とは，V_{GS} を変化させた場合の I_{DS}-V_{DS} 特性のことを指し，その特性例を**図 12.17** に示す。

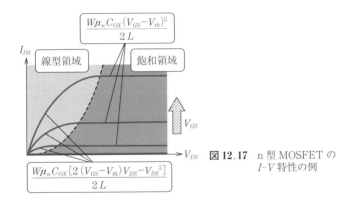

図 12.17 n 型 MOSFET の I-V 特性の例

V_{DS} が比較的低い**線型領域**では，$V_{DS} < V_P$ が成り立ち，ゲート電極下の全域にわたって表面反転層が残っている。このため，I_{DS} は V_{DS} とともに増加する。これに対して，V_{DS} が高い**飽和領域**では $V_{DS} > V_P$ が成り立つので，I_{DS} は一定となる。この一定となる I_{DS} を**飽和ドレイン電流** $(I_{DS})_{\text{sat}}$ と呼ぶ。n 型 MOSFET における $(I_{DS})_{\text{sat}}$ は，電子の移動度 μ_n を用いて，式 (12.11) で表すことができる。

$$(I_{DS})_{\text{sat}} = \frac{W \mu_n C_{OX} (V_{GS} - V_{th})^2}{2L} \tag{12.11}$$

12.5.2 相互コンダクタンス

相互コンダクタンス g_m とは，V_{GS} で $(I_{DS})_{\text{sat}}$ をどの程度制御できるかを示すパラメータであり，FET の特性を示す指標である．式 (12.11) を使うことにより，n 型 MOSFET の g_m は式 (12.12) で与えられる．

$$g_m \equiv \frac{\partial (I_{DS})_{\text{sat}}}{\partial V_{GS}} = \frac{W \mu_n C_{OX} (V_{GS} - V_{th})}{L} \tag{12.12}$$

この相互コンダクタンス g_m はゲート幅 W の関数なので，FET の特性を議論する場合には，単位ゲート幅当りの g_m を使って比較することが多い．つまり，この g_m/W が大きいほど特性のよい FET となる．式 (12.12) を用いると，FET の構造によって g_m/W を大きくするためには，ゲート長 L を短くする必要がある．このためには，微細加工技術が必要となり，g_m/W で示す FET 特性が向上するだけでなく，FET の集積度が上がることにもつながる．また，FET の構造によって g_m/W を大きくするためには，C_{ox} を大きくすることも効果的である．ここで，$C_{ox} = \varepsilon_{ox}/d_{ox}$ なので，酸化膜の厚さ d_{ox} を薄くすればよい．一方で，材料面からは，μ_n の大きな半導体材料や ε_{ox} の高い酸化膜材料を使うことにより，g_m/W を大きくすることができる．

演 習 問 題

12.1 バイポーラトランジスタの構造例を示し，その動作について説明せよ．

12.2 バイポーラトランジスタにおけるエミッタ接地回路の電流成分を決める三つのパラメータをあげ，それらを利用して電流増幅率を表現せよ．

12.3 以下の二つの式などを使って，エミッタ接地回路における電流増幅率を大きくするためのバイポーラトランジスタの設計を行え．

$$\gamma \fallingdotseq \left[1 + \left(\frac{D_p}{D_n}\right)\left(\frac{W}{L_p}\right)\left(\frac{N_B}{N_E}\right)\right]^{-1}$$

$$\alpha_T \fallingdotseq 1 - \frac{1}{2}\left(\frac{W}{L_n}\right)^2$$

12.4 電界効果トランジスタの構造例を示し，その動作について説明せよ．

12.5 n 型 MOSFET のゲート電極下に存在する 2 種類の電荷をあげよ．そして，ゲ

ート電圧を印加した際に，ゲート電圧とこれらの2種類の電荷の関係を説明せよ．ただし，ドレイン電圧は印加しないものとする．

12.6 n型MOSFETにおいて，ドレイン電圧とともに表面反転層がどのように変化するかを説明せよ．

12.7 n型MOSFETにおける飽和ドレイン電流は以下の式で与えられる．

$$(I_{DS})_{\text{sat}} = \frac{W\mu_n C_{OX}(V_{GS} - V_{th})^2}{2L}$$

この式を使って，単位ゲート幅当りの相互コンダクタンスを計算し，n型MOSFETの設計を行え．

第13章 ヘテロ接合と半導体光デバイス

二つの異なる物質を接合させたヘテロ接合は，われわれの身の周りにある半導体光デバイスや電子デバイスで使われている．そこで，本章では，初めに，このヘテロ接合の構造や特徴などについて説明し，その後，このヘテロ構造を利用した光デバイスについて紹介する．

13.1 ヘテロ接合と低次元構造

13.1.1 ホモ接合とヘテロ接合

ホモ接合とは，1種類の半導体で形成された接合であるので，ホモ接合に使う半導体のバンドギャップエネルギー E_g と**電子親和力** χ は同一である．例えば，p型 GaAs と n型 GaAs で構成される pn 接合はホモ接合である．これに対して，**ヘテロ接合**とは，異なった2種類の半導体で形成される接合なので，ヘテロ接合に使う2種類の半導体の E_g と χ は異なっている．**図 13.1** は，ヘテロ接合を形成する前の2種類の異なった真性半導体に対するエネルギーバン

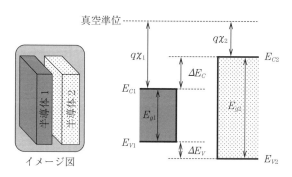

図 13.1 ヘテロ接合を形成する前のエネルギーバンド図の例

ド図の例である。2種類の異なった半導体であるので，それぞれの半導体の E_g と χ が異なっている。なお，図中の左のイラストでは，2種類の異なった半導体薄膜のイメージを示している。

次に，この2種類の真性半導体を使ってヘテロ接合を形成した場合のエネルギーバンド図の例を**図 13.2** に示す。真性半導体の E_F は E_g の中央付近に存在するので，ただ単に2種類の半導体のエネルギーバンド図を接続しただけの図になる。この図から，ヘテロ接合界面において，伝導帯端 E_C と価電子帯端 E_V の値が不連続になっていることがわかる。この様子を**バンド不連続**と呼ぶ。そして，この図を参考にして，伝導帯端 E_C の不連続量 ΔE_C には

$$\Delta E_C = E_{C2} - E_{C1} = q(\chi_1 - \chi_2)$$

の関係が成り立つ。また，価電子帯端 E_V の不連続量 ΔE_V は

$$\Delta E_V = E_{V1} - E_{V2} = (q\chi_2 + E_{g2}) - (q\chi_1 + E_{g1})$$

で与えられる。以上は真性半導体のヘテロ接合に関する説明であるが，不純物ドーピングを行った半導体のヘテロ接合に対しても，ヘテロ接合形成の前後で ΔE_C と ΔE_V の値は変化しない。

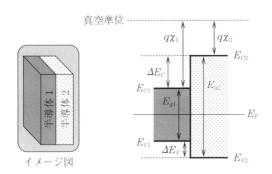

図 13.2　ヘテロ接合のエネルギーバンド図の例

13.1.2　低次元構造

量子井戸構造とは，E_g の大きな2種類の半導体で，E_g の小さな半導体を挟んだ構造である。**図 13.3** には，AlGaAs と GaAs のヘテロ構造の例を示す。

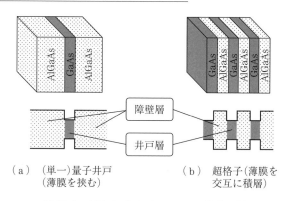

図 13.3　AlGaAs と GaAs のヘテロ接合の例

このエネルギーバンド図では，E_g の小さな半導体（GaAs）は，電子と正孔の両者にとってポテンシャルエネルギーの低い層となる。したがって，電子と正孔はともに E_g の小さな半導体に蓄積することから，この E_g の小さな半導体（GaAs）は**井戸層**と呼ばれる。

これに対して，E_g の大きな半導体（AlGaAs）は，電子と正孔の両者にとってポテンシャルエネルギーの高い層なので，**障壁層**と呼ばれる。ここで，図 13.2 および図 13.3 で示すような $\Delta E_c > 0$, $\Delta E_v > 0$ であるヘテロ構造を**タイプ I** の構造と呼ぶ。なお，**タイプ II** の量子井戸構造とは，ΔE_c あるいは ΔE_v の一方が負になる構造である。

タイプ I の量子井戸構造を用いれば，電子と正孔の両者を井戸層に閉じ込めることができるので，電子と正孔が結び付いて光を放出する**発光再結合**が起こりやすい。したがって，ほとんどの LED や LD において，タイプ I の量子井戸構造が使われている。また，図 13.3（a）では井戸の数が一つの量子井戸構造を示したが，井戸の数を複数にすることも可能である。そして，井戸層の数が一つの構造を**単一量子井戸構造**と呼び，井戸層が複数ある構造を**多重量子井戸構造**と呼ぶ。さらに，図 13.3（b）に示すような 2 種類の半導体を交互に多数回積層した構造は，**超格子構造**と呼ばれる。

13.2 半導体中での電子とフォトンの相互作用

半導体中では電子とフォトンが相互作用する。この相互作用には，第6章や第8章で述べたような光吸収過程のほかに，自然放出過程や誘導放出過程といった相互作用がある。それぞれの過程における初期状態と電子が遷移した後の状態を**図 13.4**に示す。これらの相互作用について，一つずつ紹介しよう。

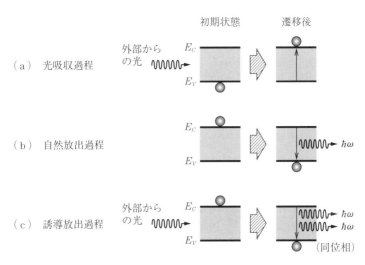

図 13.4 半導体中での電子とフォトンの相互作用

まず，図 13.4（a）に示すように，**光吸収過程**では，電子が吸収したフォトンのエネルギーを受け取り，価電子帯の電子が伝導帯へ励起する。その結果，価電子帯には正孔が発生する。この光吸収過程の速度は，価電子帯の電子濃度 n_V と光強度 ρ の積に比例する。この光吸収過程は，**図 13.5**に示すような**太陽電池**で利用されている。

次に，図 13.4（b）で示す**自然放出過程**では，伝導帯の電子が価電子帯の正孔と再結合して発光する。この自然放出過程の速度は，伝導帯の電子濃度 n_C に比例する。pn 接合ダイオードでは，順方向電流を流すことにより，伝導

190   13. ヘテロ接合と半導体光デバイス

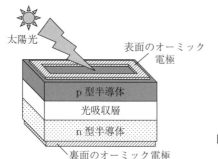

図 13.5 太陽電池の構造例

帯の電子濃度を高くすることができる。LED は pn 接合ダイオードで構成されており，この自然放出過程を利用している。LED の構造例を図 13.6 に示す。この図の活性層に 13.1 節で紹介した量子井戸構造を使えば，電子と正孔の発光再結合が起こりやすくなる。つまり，電気エネルギーを光エネルギーに変換する効率を高くすることができる。

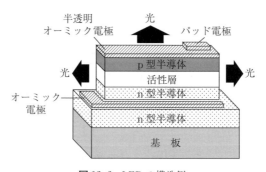

図 13.6 LED の構造例

図 13.4（c）に示したように，外部から光を照射して伝導帯の電子を刺激すると，伝導帯の電子と価電子帯の正孔が発光再結合する。このような発光再結合では，同じ波長（つまり，同じエネルギー）で同じ位相のフォトンを放出させることができる。この現象を**誘導放出過程**と呼ぶ。そして，この誘導放出過程の速度は，伝導帯の電子濃度 n_c と光強度 ρ の積に比例する。前述のように，pn 接合ダイオードにおいて順方向電流を流すことにより，伝導帯の電子濃度を高くすることができる。そして，誘導放出過程で発生したフォトンを 2

13.2 半導体中での電子とフォトンの相互作用

枚の鏡やヘテロ構造を使って半導体の活性層の中に閉じ込めれば，この閉じ込められたフォトンが図 13.4（c）における外部からの光の役割をする。このような誘導放出過程が，**図 13.7** に示す LD の動作原理となる。なお，レーザーとは，light amplification by stimulated emission of radiation（LASER）の略称であり，「誘導放出による光増幅」の意味である。また，この LD の活性層にも 13.1 節で紹介した量子井戸構造が使われている。

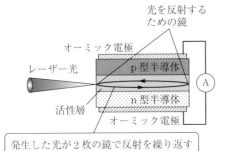

図 13.7　LD の構造例と動作原理

ここで，光吸収過程と自然放出過程の速度を誘導放出過程の速度と比較して，レーザー光が発生する条件，つまり，**レーザー発振**を起こす条件を求めてみよう。まず，光を放出する過程である誘導放出過程と自然放出過程を比べてみよう。これらの誘導放出過程と自然放出過程における速度の比は，$(n_C \rho)/n_C = \rho$ に比例する。したがって，これらの二つの光の放出過程において，自然放出過程よりも誘導放出過程が起こりやすくなり，レーザー光が発生しやすくなるためには，光強度 ρ を強くすることが必要である。次に，光を吸収する誘導放出過程と光吸収過程を比べてみよう。これらの誘導放出過程と光吸収過程の速度の比は，$(n_C \rho)/(n_V \rho) = n_C/n_V$ に比例する。したがって，これらの二つの外部からの光との相互作用において，光吸収過程よりも誘導放出過程が起こりやすくなるためには，$n_C > n_V$ とする必要がある。これは，伝導帯の電子濃度を価電子帯の電子濃度よりも大きくすることに対応しており，通常の状態では起こらない現象である。このため，このような状態を**反転分布**と呼ぶ。このような反転分布は，pn 接合ダイオードにおいて大きな順方向電流

を流すことにより実現することができる。

　以上をまとめると，外部からの光強度 ρ を強くし，反転分布を実現すれば，レーザー発振を起こすことができることがわかった。

13.3　半導体中での光の吸収

　13.2 節で紹介した光吸収過程をもう少し詳しく考察しよう。この光の吸収の程度は，吸収係数 α で表すことができる。第 6 章でも説明したように，$\hbar\omega \geqq E_g$ の光を半導体に照射した場合には，フォトンは半導体に吸収されながら半導体中を進むことになる。ここで，表面からの距離を x，$\Phi(x)$ を位置 x でのフォトン数（光強度に対応）とした場合，**吸収係数** α は以下の関係式 (13.1) を満たす。

$$x と x+dx の間に吸収されるフォトン数 = \alpha\Phi(x)dx \quad (13.1)$$

式 (13.1) を数式で示すと

$$\Phi(x+dx) - \Phi(x) = -\alpha\Phi(x)dx \quad (13.2)$$

と表すことができる。式 (13.2) の左辺は，付録の A.6 で説明するテイラー展開を利用することにより

$$\Phi(x+dx) - \Phi(x) = \frac{\partial \Phi(x)}{\partial x}dx \quad (13.3)$$

が得られる。そして，α が一定の場合には，式 (13.2)，(13.3) から導かれる $\Phi(x)$ に関する微分方程式を解くことによって

$$\Phi(x) = \Phi_0 \exp(-\alpha x) \quad （ただし，\Phi_0 は半導体表面でのフォトン数）$$

が得られる。このように，光は半導体に吸収されるため，半導体表面に照射されたフォトンの数は，半導体中では指数関数的に減少することがわかる。実際の半導体では，**図 13.8** に示すように，α の値は各半導体の E_g と光の波長（あるいは $\hbar\omega$）に依存することがわかる。この図の中の λ_c はバンドギャップエネルギー E_g に対応する波長である。λ と E は反比例の関係があるが，その詳細に関しては，付録の A.3 を参照してほしい。

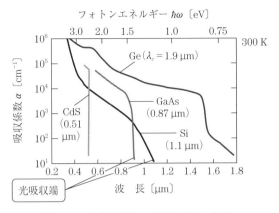

図 13.8 各種半導体の光吸収係数の比較

図において，直接遷移型半導体である GaAs に対しては，E_g 付近から α の値が急激に上昇している。これに対して，間接遷移型半導体である Si や Ge では，E_g 付近での α の値が小さい。そして，Γ点での E_C と E_V の差に相当するエネルギー E_Γ を持つフォトンに対しては，α が大きくなっていることがわかる。このような光吸収特性は，第6章や第8章で説明したとおりである。

13.4 光吸収過程に関連する現象

本節では，実際の半導体における二つの特別な光吸収過程に関連する現象について説明しよう。

一つ目は，**励起子**による光吸収である。励起子とは，**図 13.9** 右下のイラストで示すように，クーロン引力で結び付いている電子と正孔のペアのことである。図のグラフは励起子による吸収係数の計算例を示す。図で示すように，励起子により，E_g 付近で離散的な吸収ラインが現れるとともに，E_g 以上のエネルギーで連続的な吸収が起きる。なお，13.1.2 項で紹介した超格子の中では，この励起子が安定に存在することが知られている。このようなことから，超格子における励起子の効果を使うことにより，太陽電池の効率が増加することが報告されている。

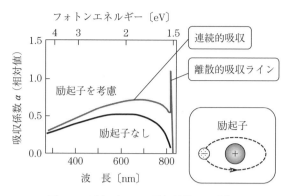

図 13.9　励起子による吸収係数 α の計算例

二つ目は，**バーシュタインモスシフト**である。8.3 節でも述べたように，フォトンのエネルギーを吸収した価電子帯の電子は伝導帯に励起する。ただし，図 13.10 に示すような電子濃度が高い半導体では，右図の灰色の領域で示したように，電子の遷移先である伝導帯の準位が電子で埋まっている。このため，E_g 付近のフォトンのエネルギーを得た電子は，遷移先が電子で埋まっている伝導帯に遷移することができない。この結果，E_F よりも大きな位置まで電子を引き上げる必要があるので，図 13.11 に示すように，光吸収端が高エネルギー（短波長）側へ移動することになる。この現象をバーシュタインモスシフトと呼ぶ。

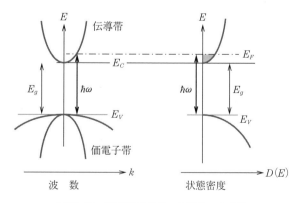

図 13.10　電子濃度が高い半導体の光吸収

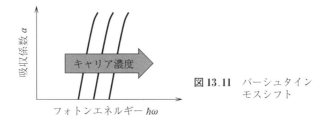

図 13.11　バーシュタインモスシフト

演 習 問 題

- **13.1** 真性半導体からなるタイプ I の超格子構造と単一量子井戸構造に対するエネルギーバンド図を示せ。そして，このタイプ I の量子井戸構造が発光デバイスに利用される理由を述べよ。
- **13.2** 半導体中での電子とフォトンの相互作用である光吸収過程，自然放出過程，誘導放出過程の速度を示せ。ただし，価電子帯の電子濃度，伝導帯の電子濃度，半導体に照射する光強度を，それぞれ，n_v, n_c, ρ とする。そして，これらの条件を使って，レーザー発振に必要な条件を求めよ。さらに，それぞれの相互作用を利用した半導体光デバイスの例をあげよ。
- **13.3** 半導体表面にフォトンを照射した場合に，吸収係数 α が一定として，表面から x の位置でのフォトン数を求めよ。また，実際の半導体において，光吸収に影響を与えるパラメータや要因をあげよ。
- **13.4** 半導体の発光デバイスと受光デバイスの例をあげよ。そして，それらの発光デバイスに共通して用いられる主な接合の名称を答えよ。

付録

A.1 ベクトルの内積と外積

二つのベクトル a, b の**内積**は

$$a \cdot b = |a||b|\cos\theta$$

で定義され，二つのベクトルの内積で得られる値はスカラー量である。

これに対して，二つのベクトル a, b の外積で得られる値はベクトルとなる。そして，**外積**の大きさは

$$a \times b = |a||b|\sin\theta$$

で定義され，ベクトルの向きは a と b が作る面に垂直で，a と b の順で右ネジの方向となる。外積の主な公式を**表 A.1** に示す。

また，**図 A.1** の右図に示すように，$a_1 \cdot a_2 \times a_3$ は，a_1, a_2, a_3 の三つのベクトルで囲まれる平行六面体の体積 V を表している。

表 A.1 外積に関する公式

$$a \times b = -b \times a$$
$$a \times a = 0, \quad 0 \times a = a \times 0 = 0$$
$$a \times (b + c) = a \times b + a \times c$$
$$(a + b) \times c = a \times c + b \times c$$
$$(ka) \times b = k(a \times b) = a \times (kb)$$

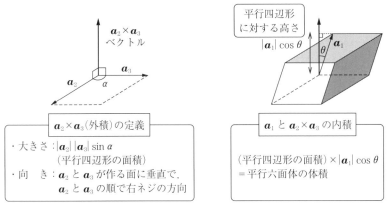

図 A.1　$a_1 \cdot a_2 \times a_3$ の意味

A.2　波に関連する関係式

① 波数 k 〔cm^{-1}〕と波長 λ 〔cm〕の関係式

$$k = \frac{2\pi}{\lambda}$$

② 角振動数（角周波数）ω 〔rad/s〕と振動数 ν 〔s^{-1}〕の関係式

$$\omega = 2\pi\nu$$

③ 位相速度（個々の波が伝わる速度）v 〔cm/s〕

$$v = \frac{\omega}{k}$$

④ 群速度（いくつかの波が全体として伝わる速度，あるいは空間的に局在する波が粒子のように移動する速度）v_g 〔cm/s〕

$$v_g = \frac{d\omega}{dk}$$

A.3　光に関連する関係式と情報

① エネルギー E と ω [rad/s]，および ν [s^{-1}] の関係式

$E = \hbar\omega = h\nu$

h：プランク定数　6.63×10^{-34} Js

$\hbar = h/(2\pi)$：換算プランク定数　1.055×10^{-34} Js

② 第9章で説明したボーアの水素原子モデルなどの量子力学において，**換算プランク定数** $\hbar$ は角運動量の最小単位

$mvr = n\hbar$ 　（n は自然数）

③ λ [cm] と ν [s^{-1}] の関係式

$\lambda = \dfrac{c}{\nu}$ 　（c：光速 3.0×10^8 m/s）

④ λ [μm] と E [eV] の関係式

$\lambda\,[\mu\mathrm{m}] = \dfrac{1.24}{E\,[\mathrm{eV}]}$

⑤ 光の波長と波長帯の名称を**図 A.2** に示す。

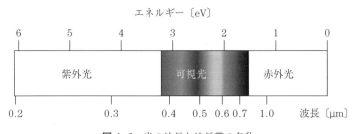

図 A.2　光の波長と波長帯の名称

A.4　フックの法則

力定数を C，平衡位置からの変位を x とすると，**フックの法則**に従うバネ

による力 F は

$$F = -Cx$$

で表すことができる。バネによる力は変位とは逆方向に働くので，係数に「−」の符号が付くことに注意してほしい。

A.5　$x \sim 0$ の場合のテイラー展開

$x \sim 0$ の場合には，$f(x)$ は

$$f(x) = f(0) + f'(0)x + f''(0)\frac{x^2}{2} + f'''(0)\frac{x^3}{6} + \cdots \quad (\mathrm{A}.1)$$

と**テイラー展開**することができる。ここで，$x \sim 0$ であるので，式 (A.1) における右辺第 3 項の $f''(0)x^2/2$ 以降の項目，あるいは右辺第 4 項の $f'''(0)x^3/6$ 以降の項目を無視すると，近似式を得ることができる。$x \sim 0$ の場合の代表的な近似の例を以下に示す。

① $\cos x \fallingdotseq 1 - \dfrac{x^2}{2}$

② $\sin x \fallingdotseq x$

③ $(1+x)^n \fallingdotseq 1 + nx$

A.6　$f(x+dx)$ と $f(x)$ の関係

$f(x+dx)$ を x の周りでテイラー展開すると

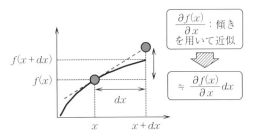

図 **A.3**　テイラー展開による近似の意味

$$f(x+dx) \fallingdotseq f(x) + \frac{\partial f(x)}{\partial x}dx \tag{A.2}$$

となる。図 **A.3** に示すように，式 (A.2) の中の $\partial f(x)/\partial x$ は点 x における接線の傾きを示している。したがって，この式は，「dx が小さい場合には，x における接線を用いて $f(x+dx)$ を近似している」ことに対応している。

A.7　三角関数に関連する公式

① 倍角の公式：$\cos(2x) = \cos^2 x - \sin^2 x = 1 - 2\sin^2 x$

② $\exp(ix) = \cos x + i\sin x$

③ $\cos x = \dfrac{\exp(ix) + \exp(-ix)}{2}$

④ $\sin x = \dfrac{\exp(ix) - \exp(-ix)}{2i}$

A.8　本書に関連する情報

① 周期表（図 **A.4**）

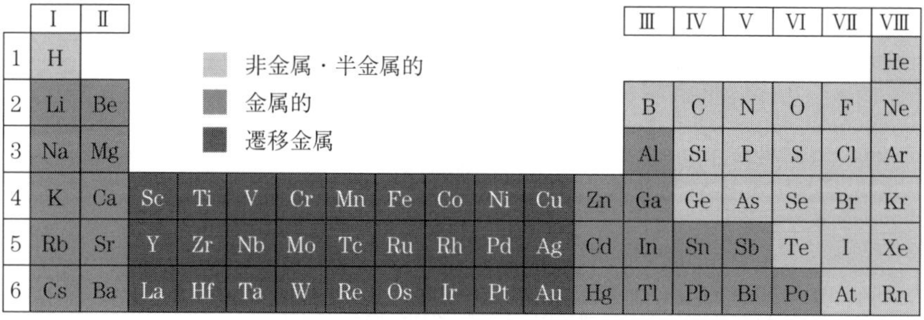

	I	II										III	IV	V	VI	VII	VIII
1	H																He
2	Li	Be		非金属・半金属的								B	C	N	O	F	Ne
3	Na	Mg		金属的								Al	Si	P	S	Cl	Ar
4	K	Ca	Sc	Ti	V	Cr	Mn	Fe	Co	Ni	Cu	Zn	Ga	Ge	As	Se	Br	Kr
5	Rb	Sr	Y	Zr	Nb	Mo	Tc	Ru	Rh	Pd	Ag	Cd	In	Sn	Sb	Te	I	Xe
6	Cs	Ba	La	Hf	Ta	W	Re	Os	Ir	Pt	Au	Hg	Tl	Pb	Bi	Po	At	Rn

図 **A.4**　周期表の一部（再掲図 8.1）

② 主な基礎物理定数（**表 A.2**）

表 A.2 主な基礎物理定数

電気素量	$q = 1.60 \times 10^{-19}$ C
静止した電子の質量	$m = 9.11 \times 10^{-31}$ kg
プランク定数	$h = 6.63 \times 10^{-34}$ Js
換算プランク定数	$\hbar = 1.055 \times 10^{-34}$ Js
ボルツマン定数	$k_B = 1.38 \times 10^{-23}$ J/K
真空の誘電率	$\varepsilon_0 = 8.85 \times 10^{-12}$ F/m
光速	$c = 3.00 \times 10^8$ m/s

③ 国際単位系における接頭辞リスト（**表 A.3**）

表 A.3 国際単位系における接頭辞リスト

接頭辞	大きさ	読み方	接頭辞	大きさ	読み方
k	10^3	キロ	m	10^{-3}	ミリ
M	10^6	メガ	μ	10^{-6}	マイクロ
G	10^9	ギガ	n	10^{-9}	ナノ
T	10^{12}	テラ	p	10^{-12}	ピコ
P	10^{15}	ペタ	f	10^{-15}	フェムト

④ ギリシャ文字（**表 A.4**）

表 A.4　ギリシャ文字

小文字	大文字	読み方	小文字	大文字	読み方
α	A	アルファ	ν	N	ニュー
β	B	ベータ	ξ	Ξ	グザイ
γ	Γ	ガンマ	o	O	オミクロン
δ	Δ	デルタ	π	Π	パイ
ε	E	エプシロン	ρ	P	ロー
ζ	Z	ゼータ	σ	Σ	シグマ
η	H	イータ	τ	T	タウ
θ	Θ	シータ	υ	Y	ウプシロン
ι	I	イオタ	ϕ, φ	Φ	ファイ
κ	K	カッパ	χ	X	カイ
λ	Λ	ラムダ	ψ	Ψ	プサイ
μ	M	ミュー	ω	Ω	オメガ

引用・参考文献

1) 青木昌治:電子物性工学,電子通信学会大学講座6,コロナ社(1964)
2) 大越孝敬:基礎電子工学 改訂版,電気学会大学講座,電気学会(1976)
3) 菅野卓雄:半導体物性,電気学会大学講座,電気学会(1979)
4) S.M.ジィー 著(南日康夫,川辺光央,長谷川文夫 訳):半導体デバイス―基礎理論とプロセス技術― 第2版,産業図書(2004)
5) C.キッテル 著(宇野良清,津屋 昇,新関駒二郎,森田 章,山下次郎 訳):キッテル固体物理学入門 第8版(上),丸善(2005)
6) J.L.T. Waugh and G. Dolling, "Crystal dynamics of Gallium Arsenide", Physical Review, vol. 132, pp. 2410～2412 (1963).
7) H. Melchior, "Demonstration and Photodetection Techniques", in F.T. Arecchi and E.O. Schulz-Dubois, Eds., Laser Handbook, vol. 1, pp. 725～835 (1972).
8) T. Makimoto, K. Kumakura, T. Nishida, and N. Kobayashi, "Valence-band Discontinuities between InGaN and GaN Evaluated by Capacitance-Voltage Characteristics of p-InGaN/n-GaN Diodes", Journal of Electronic Materials, vol. 31, pp. 313～315 (2002).
9) A. Kawaharazuka, K. Onomitsu, J. Nishinaga, and Y. Horikoshi, "Effect of excitons on the absorption in solar-cell with AlGaAs/GaAs superlattice grown by molecular beam epitaxy", Journal of Crystal Growth, vol. 323, pp. 504～507 (2011).

索　引

【あ】

アインシュタインの関係式　130
アインシュタインモデル　52
アクセプタ　113
アクセプタ準位　118
アモルファス　1

【い】

イオン化アクセプタ　118
イオン化ドナー　116
イオン化不純物散乱　124
イオン結合　4
移動度　85
井戸層　188

【う】

ウィグナー-サイツ・セル　12

【え】

エキシトン　41
エネルギー固有値　56
エネルギー準位　59
エネルギーバンド　67
エネルギーバンド図　68, 144
エミッタ　169
エミッタ接地回路　170
エミッタ注入効率　172
エミッタ電流　172

【お】

オーミック接合　160
オームの法則　84, 126
音響フォノン　50
オン電圧　143

【か】

外積　196
回折条件のベクトル表現　25
階段型 pn 接合　147
拡散定数　175
拡散電位　145
過剰少数キャリア　131
活性化エネルギー　114
価電子帯　69
　　──の頂上　79
還元ゾーン形式　78
換算プランク定数　198
間接遷移型半導体　82, 98
緩和時間　86

【き】

基本単位格子　10
基本並進ベクトル　10
逆格子　20
逆方向バイアス　143
逆方向飽和電流密度　158
キャリア　103
　　──の拡散長　175
吸収係数　192
共有結合　3
禁制帯　69
金属結合　4

【く】

空乏層　145
クローニッヒ-ペニーの
　モデル　73

【け】

傾斜型 pn 接合　147
結晶格子　6

【こ】

ゲート　176
ゲート電圧　176

【こ】

光学フォノン　50
光子　40
格子散乱　123
格子点　6
コレクタ　170
コレクタ効率　172
コレクタ電流　170

【さ】

散乱波　17
散乱要因　124

【し】

しきい電圧　179
仕事関数　162
自然放出過程　189
実格子　20
自由電子フェルミ気体　55
自由電子モデル　55
シュレディンガーの
　波動方程式　55
順方向バイアス　143
少数キャリア　113
　　──の拡散長　140
　　──の連続の式　132
状態密度　63
障壁層　188
ショットキー障壁　162
ショットキー接合　160
ショットキーダイオード
　　　　　　　160
真空準位　161
真性キャリア濃度　116

索引　205

【し】
真性半導体　69, 104
真性フェルミ準位　179

【す】
水素結合　5

【せ】
正孔　40
正孔電流　172
静電ポテンシャル　148
絶縁体　69
線型領域　183

【そ】
相互コンダクタンス　184
ソース　176

【た】
体心立方格子　14, 35
タイプI　188
タイプII　188
太陽電池　95, 189
多結晶　1
多重量子井戸構造　188
多数キャリア　113
立上がり電圧　143
単位格子　6
単一量子井戸構造　188
単結晶　1
単純立方格子　13, 34
弾性波　41

【ち】
力定数　42
チャネル層　179
中性アクセプタ　119
中性ドナー　117
中性不純物散乱　124
中性領域　145
超格子構造　188
調和振動子　51
直接遷移型半導体　81, 98
直列抵抗　160

【て】
テイラー展開　199
デバイのT^3法則　52
デューロン-プティの法則　52
電界効果トランジスタ　95, 176
電荷中性条件　151, 174
電子　40
電子親和力　161, 186
電子電流　172
伝導帯　69
　——の底　79
伝導電子　4
電流増幅率　171
電流利得　171

【と】
ドナー　113
ドナー準位　116
ドリフト電流　84
ドルーデの理論　86
ドレイン　176
ドレイン電流　176
トンネル電流　160

【な】
内蔵電位　147
内積　196

【に】
入射波　17

【は】
バーシュタインモスシフト　194
バイポーラトランジスタ　95, 169
パウリの排他原理　2, 59
発光再結合　188
発光ダイオード　94
発光デバイス　94

波動関数　55
バネ定数　42
パワーエレクトロニクス　95
反射波　17
反転分布　191
半導体混晶　92
バンドギャップ　67
バンドギャップエネルギー　68
バンド図　68
バンド不連続　187

【ひ】
光吸収過程　189
表面反転層　179
表面漏れ電流　160
ピンチオフ点　182
ピンチオフ電圧　182

【ふ】
ファン・デル・ワールス結合　5
フィックの法則　127
フーリエ級数　19
フェルミ-ディラックの分布関数　64
フェルミエネルギー　60
フェルミ準位　111, 145
フェルミ分布関数　64, 103
フォトン　40, 96
フォノン　40, 97
フォノン散乱　123
フックの法則　42, 198
ブラッグの法則　17
フラットバンドポテンシャル　146
ブラベ格子　6
ブリルアンゾーン　30, 99
ブロッホ関数　72
ブロッホの定理　72
分散関係　43

206　索　　　　引

【へ】

ベガード則　92
ベース　170
ベース電流　170
ベース輸送効率　172
ヘテロ接合　186

【ほ】

飽和電流　143
飽和ドレイン電流　183
飽和領域　183
ボーアの水素原子モデル　114
ボーア半径　115
ホール係数　88
ホール効果測定　89

ホール電圧　88
ポテンシャルエネルギー　2
ホモ接合　186
ボルツマン分布関数　103

【ま】

マーデルングエネルギー　4
マティーセンの法則　125

【み】

ミラー指数　8

【め】

面心立方格子　15, 37

【ゆ】

有効質量　83

有効状態密度　106
誘導放出過程　190

【ら】

ラウエ方程式　24

【り】

理想因子　159
理想係数　159
リチャードソン定数　167
量子井戸構造　187

【れ】

励起子　41, 193
レーザーダイオード　94
レーザー発振　191

【F】

FET　176

【K】

k 空間　30

【M】

MESFET　177

MOSFET　176

【N】

np 積　109
n 型 MOSFET　177
n 型層　90, 112, 144
n 型半導体　113
n 値　159
n チャネル MOSFET　177

【P】

pn 接合　144
pn 接合ダイオード　142
p 型層　90, 112, 144
p 型半導体　113

―― 著者略歴 ――

1983年　東京大学工学部電気電子工学科卒業
1985年　東京大学大学院工学系研究科修士課程修了（電子工学専攻）
1985年　日本電信電話株式会社勤務
1993年　博士（工学）（東京大学）
1993年　カリフォルニア大学客員研究員
2000年　日本電信電話株式会社・NTT 物性科学基礎研究所特別研究員
2011年　日本電信電話株式会社・NTT 物性科学基礎研究所長
2013年　早稲田大学教授
　　　　現在に至る

主な受賞歴
2014年　応用物理学会フェロー表彰
2015年　平成 27 年度科学技術分野の文部科学大臣表彰

固体物理と半導体物性の基礎
Introduction to Solid State and Semiconductor Physics　　ⓒ Toshiki Makimoto　2017

2017 年 3 月 16 日　初版第 1 刷発行　　　　　　　　　　　　　　★
2023 年 5 月 20 日　初版第 2 刷発行

検印省略	著　者　　牧　　本　　俊　　樹	
	発行者　　株式会社　コロナ社	
	代表者　牛来真也	
	印刷所　　三美印刷株式会社	
	製本所　　有限会社　愛千製本所	

112-0011　東京都文京区千石 4-46-10
発行所　株式会社　コロナ社
CORONA PUBLISHING CO., LTD.
Tokyo Japan
振替 00140-8-14844・電話(03)3941-3131(代)
ホームページ　https://www.coronasha.co.jp

ISBN 978-4-339-00896-8　　C3055　Printed in Japan　　　　　　　　（新宅）

JCOPY ＜出版者著作権管理機構　委託出版物＞
本書の無断複製は著作権法上での例外を除き禁じられています。複製される場合は，そのつど事前に，出版者著作権管理機構（電話 03-5244-5088，FAX 03-5244-5089，e-mail: info@jcopy.or.jp）の許諾を得てください。

本書のコピー，スキャン，デジタル化等の無断複製・転載は著作権法上での例外を除き禁じられています。購入者以外の第三者による本書の電子データ化及び電子書籍化は，いかなる場合も認めていません。
落丁・乱丁はお取替えいたします。

電子情報通信レクチャーシリーズ

（各巻B5判，欠番は品切または未発行です）

■電子情報通信学会編

共通

記号	配本順	タイトル	著者	頁	本体
A-1	(第30回)	電子情報通信と産業	西村吉雄著	272	4700円
A-2	(第14回)	電子情報通信技術史 ―おもに日本を中心としたマイルストーン―	「技術と歴史」研究会編	276	4700円
A-3	(第26回)	情報社会・セキュリティ・倫理	辻井重男著	172	3000円
A-5	(第6回)	情報リテラシーとプレゼンテーション	青木由直著	216	3400円
A-6	(第29回)	コンピュータの基礎	村岡洋一著	160	2800円
A-7	(第19回)	情報通信ネットワーク	水澤純一著	192	3000円
A-9	(第38回)	電子物性とデバイス	益一哉／天川修平共著	244	4200円

基礎

記号	配本順	タイトル	著者	頁	本体
B-5	(第33回)	論理回路	安浦寛人著	140	2400円
B-6	(第9回)	オートマトン・言語と計算理論	岩間一雄著	186	3000円
B-7	(第40回)	コンピュータプログラミング ―Pythonでアルゴリズムを実装しながら問題解決を行う―	富樫敦著	208	3300円
B-8	(第35回)	データ構造とアルゴリズム	岩沼宏治他著	208	3300円
B-9	(第36回)	ネットワーク工学	田中裕介／仙石正和／中野敬介共著	156	2700円
B-10	(第1回)	電磁気学	後藤尚久著	186	2900円
B-11	(第20回)	基礎電子物性工学 ―量子力学の基本と応用―	阿部正紀著	154	2700円
B-12	(第4回)	波動解析基礎	小柴正則著	162	2600円
B-13	(第2回)	電磁気計測	岩﨑俊著	182	2900円

基盤

記号	配本順	タイトル	著者	頁	本体
C-1	(第13回)	情報・符号・暗号の理論	今井秀樹著	220	3500円
C-3	(第25回)	電子回路	関根慶太郎著	190	3300円
C-4	(第21回)	数理計画法	山下信雄／福島雅夫共著	192	3000円

配本順			頁	本体
C-6	(第17回)	インターネット工学　後藤滋樹・外山勝保 共著	162	2800円
C-7	(第3回)	画像・メディア工学　吹抜敬彦 著	182	2900円
C-8	(第32回)	音声・言語処理　広瀬啓吉 著	140	2400円
C-9	(第11回)	コンピュータアーキテクチャ　坂井修一 著	158	2700円
C-13	(第31回)	集積回路設計　浅田邦博 著	208	3600円
C-14	(第27回)	電子デバイス　和保孝夫 著	198	3200円
C-15	(第8回)	光・電磁波工学　鹿子嶋憲一 著	200	3300円
C-16	(第28回)	電子物性工学　奥村次徳 著	160	2800円

【展　開】

			頁	本体
D-3	(第22回)	非線形理論　香田徹 著	208	3600円
D-5	(第23回)	モバイルコミュニケーション　中川正雄・大槻知明 共著	176	3000円
D-8	(第12回)	現代暗号の基礎数理　黒澤馨・尾形わかは 共著	198	3100円
D-11	(第18回)	結像光学の基礎　本田捷夫 著	174	3000円
D-14	(第5回)	並列分散処理　谷口秀夫 著	148	2300円
D-15	(第37回)	電波システム工学　唐沢好男・藤井威生 共著	228	3900円
D-16	(第39回)	電磁環境工学　徳田正満 著	206	3600円
D-17	(第16回)	ＶＬＳＩ工学 —基礎・設計編—　岩田穆 著	182	3100円
D-18	(第10回)	超高速エレクトロニクス　中村徹・三島友義 共著	158	2600円
D-23	(第24回)	バイオ情報学 —パーソナルゲノム解析から生体シミュレーションまで—　小長谷明彦 著	172	3000円
D-24	(第7回)	脳工学　武田常広 著	240	3800円
D-25	(第34回)	福祉工学の基礎　伊福部達 著	236	4100円
D-27	(第15回)	ＶＬＳＩ工学 —製造プロセス編—　角南英夫 著	204	3300円

定価は本体価格+税です。
定価は変更されることがありますのでご了承下さい。

◆図書目録進呈◆

電気・電子系教科書シリーズ

(各巻A5判)

- ■編集委員長　高橋　寛
- ■幹　　　事　湯田幸八
- ■編集委員　　江間　敏・竹下鉄夫・多田泰芳
- 　　　　　　　中澤達夫・西山明彦

配本順			著者	頁	本体
1.（16回）	電 気 基 礎		柴田尚志・皆藤新一 共著	252	3000円
2.（14回）	電 磁 気 学		多田泰芳・柴田尚志 共著	304	3600円
3.（21回）	電 気 回 路 Ⅰ		柴田尚志 著	248	3000円
4.（3回）	電 気 回 路 Ⅱ		遠藤　勲・鈴木靖典・吉澤純一・隆矢雄二・福村己之彦 編著	208	2600円
5.（29回）	電気・電子計測工学(改訂版) ─新SI対応─		吉田貢士・高橋　隆・福田　拓・田崎和明・西山明彦 共著	222	2800円
6.（8回）	制 御 工 学		下西二鎮・奥平鎮正 共著	216	2600円
7.（18回）	ディジタル制御		青木俊幸・西堀俊立 共著	202	2500円
8.（25回）	ロ ボ ッ ト 工 学		白水俊次 著	240	3000円
9.（1回）	電子工学基礎		中澤達夫・藤原　勝 共著	174	2200円
10.（6回）	半 導 体 工 学		渡辺英夫 著	160	2000円
11.（15回）	電気・電子材料		中澤・押田・藤原・森田・山須服部 共著	208	2500円
12.（13回）	電 子 回 路		土田英健弘・原充二 共著	238	2800円
13.（2回）	ディジタル回路		伊若吉・海海博・澤下純・賀室山也嚴 共著	240	2800円
14.（11回）	情報リテラシー入門		室賀　進 著	176	2200円
15.（19回）	C＋＋プログラミング入門		湯田幸八 著	256	2800円
16.（22回）	マイクロコンピュータ制御 　　プログラミング入門		柚賀正光・千代谷慶 共著	244	3000円
17.（17回）	計算機システム(改訂版)		春日健・舘泉雄治・八博 共著	240	2800円
18.（10回）	アルゴリズムとデータ構造		湯田幸充・伊原弘博 共著	252	3000円
19.（7回）	電 気 機 器 工 学		前田勉・新谷邦弘 共著	222	2700円
20.（31回）	パワーエレクトロニクス(改訂版)		江間　敏・高橋　勲 共著	232	2600円
21.（28回）	電 力 工 学(改訂版)		江間　敏・甲斐隆章 共著	296	3000円
22.（30回）	情 報 理 論(改訂版)		三木成彦・吉川英機 共著	214	2600円
23.（26回）	通 信 工 学		竹下鉄夫・吉川英機 共著	198	2500円
24.（24回）	電 波 工 学		松田豊稔・南部幸久・宮田克正 共著	238	2800円
25.（23回）	情報通信システム(改訂版)		岡田裕・桑原　史・植月唯夫 共著	206	2500円
26.（20回）	高 電 圧 工 学		植月唯夫・松原孝史・箕田充志 共著	216	2800円

定価は本体価格＋税です。
定価は変更されることがありますのでご了承下さい。

図書目録進呈◆